Java 语言程序设计实用教程（第 2 版）

主　编　陈艳平　徐受蓉
副主编（排名不分先后）
　　　　董　明　尚　晋　黄　诚

北京理工大学出版社
BEIJING INSTITUTE OF TECHNOLOGY PRESS

内容简介

本书从 Java 程序开发必备的能力出发,将教学内容分为三个单元,即语言基础、技术基础和技能基础,书中所有章节依次贯穿这三个单元。每一章均按照相应知识点储备、案例分析、任务训练、知识拓展、思考与练习等环节进行组织。书中案例以通俗易懂、实用为原则,在组织形式上通过任务驱动、效果演示来激发学生兴趣,从而将知识融入任务之中。书中内容涵盖了 Java 语言概述、数据类型与运算符、流程控制结构、数组与字符串、面向对象程序设计、异常处理、输入/输出及文件处理、多线程、图形用户界面、数据库编程等。

本书注重理论与实践的统一,以实用案例为载体,按照任务驱动的方式进行编排。全书内容充实、案例易懂、讲解清晰,能使初学者在短时间内掌握 Java 的核心概念与技术。本书既可以作为高职高专院校计算机类专业及相关专业的教材,也可供广大计算机爱好者阅读和参考。

版权专有　侵权必究

图书在版编目(CIP)数据

Java 语言程序设计实用教程 / 陈艳平,徐受蓉主编. —2 版. —北京:北京理工大学出版社,2019.1(2021.12 重印)

ISBN 978 – 7 – 5682 – 6515 – 7

Ⅰ. ①J… Ⅱ. ①陈…②徐… Ⅲ. ①JAVA 语言 – 程序设计 – 教材 Ⅳ. ①TP312.8

中国版本图书馆 CIP 数据核字(2018)第 279685 号

出版发行 / 北京理工大学出版社有限责任公司	
社　　址 / 北京市海淀区中关村南大街 5 号	
邮　　编 / 100081	
电　　话 /(010)68914775(总编室)	
(010)82562903(教材售后服务热线)	
(010)68948351(其他图书服务热线)	
网　　址 / http://www.bitpress.com.cn	
经　　销 / 全国各地新华书店	
印　　刷 / 涿州市新华印刷有限公司	
开　　本 / 787 毫米 × 1092 毫米　1/16	
印　　张 / 20.5	责任编辑 / 王玲玲
字　　数 / 481 千字	文案编辑 / 王玲玲
版　　次 / 2019 年 1 月第 2 版　2021 年 12 月第 6 次印刷	责任校对 / 周瑞红
定　　价 / 52.00 元	责任印制 / 李志强

图书出现印装质量问题,请拨打售后服务热线,本社负责调换

前 言

Java 语言是目前流行的一种网络编程语言，它的安全性、平台无关性等特点给编程人员带来了一种崭新的设计理念。如今很多的流行技术，例如 Android 技术等，都和 Java 语言有着直接的联系，可以说，学好 Java 语言是成为一个优秀的软件开发工程师的基本要求。

Java 语言程序设计是高职高专计算机类专业的核心课程之一。为适应 IT 行业的迅速发展和课程改革的迫切需要，本书作者与企业专家基于行业技术进行了深入合作，以实用任务为载体，并结合职业资格认证考试，编写了这本知识全面、内容适度、技术先进的理论和实践一体化的教材。

本书从 Java 程序开发必备的能力出发，根据技术的发展和学生认知规律，将教学内容分为三个单元：语言基础、技术基础和技能基础。书中所有章节均按照相应知识点储备、案例分析、任务训练、知识拓展、思考与练习等环节进行组织。每一章节中的案例以通俗易懂和实用为原则，在组织形式上通过任务驱动、效果演示来激发学生兴趣，从而将知识融入任务之中。本书能很好地指导学生进行实践，有利于学生理解和巩固知识，并在实践中培养技术应用能力。

本书由重庆航天职业技术学院陈艳平、徐受蓉担任主编，重庆航天职业技术学院董明、黄诚及重庆师范大学尚晋担任副主编。具体编写分工为：陈艳平编写第 1~5 章，尚晋编写第 6 章，董明编写第 7、8 章，黄诚编写第 9 章，徐受蓉编写第 10 章。本书在编写过程中，得到了重庆夏特科技有限公司涂锋的技术指导，在此表示衷心的感谢。

本书配套的电子教案、课件、课程标准、源代码、试题样卷、开发环境软件等素材，可通过登录北京理工大学出版社网站的下载专区免费下载，也可邮件联系编者（htdbteam@163.com）进行索取。第 2 版中新增了 59 个重点知识微视频，读者可扫描二维码或访问在线开放课程网（http://mooc1.chaoxing.com/course/203336538.html）进行资源的下载，也可通过邮件与作者联系。

由于编者水平有限，书中疏漏之处在所难免，敬请读者批评指正。

编 者

目 录

第1章 Java语言概述 1
1.1 软件开发基础 1
1.1.1 软件运行原理 2
1.1.2 软件开发流程 2
1.1.3 程序设计语言 4
1.2 Java语言 5
1.2.1 Java语言的发展 5
1.2.2 Java语言的组成 5
1.2.3 Java语言的版本 6
1.3 Java开发环境 6
1.3.1 下载和安装JDK 6
1.3.2 下载和安装Eclipse 12
1.4 第一个Java程序 13
1.4.1 命令方式开发第一个Java应用程序 13
1.4.2 Eclipse环境中开发第一个Java应用程序 15
1.4.3 Java语言开发过程 18
1.4.4 Java的体系结构 19
1.5 案例分析 20
1.5.1 案例情景——编写Java Applet，输出"Hello, 欢迎进入精彩的Java世界！" 20
1.5.2 运行结果 20
1.5.3 实现方案 20
1.6 任务训练——编写简单Java程序 22
1.6.1 训练目的 22
1.6.2 训练内容 22
1.7 知识拓展 23
思考与练习 23

第2章 数据类型与运算符 24
2.1 常量、变量与数据类型 24
2.1.1 常量 25
2.1.2 变量 25
2.1.3 数据类型 26
2.1.4 数据类型的转换 30

2.2 运算符 ………………………………………………………………………………… 32
　　2.2.1 算术运算符 …………………………………………………………………… 32
　　2.2.2 关系运算符 …………………………………………………………………… 33
　　2.2.3 逻辑运算符 …………………………………………………………………… 34
　　2.2.4 位运算符 ……………………………………………………………………… 35
　　2.2.5 赋值运算符 …………………………………………………………………… 36
　　2.2.6 条件运算符 …………………………………………………………………… 36
　　2.2.7 其他运算符 …………………………………………………………………… 36
　　2.2.8 运算符优先级 ………………………………………………………………… 36
2.3 表达式 ………………………………………………………………………………… 37
2.4 简单的输入/输出 ……………………………………………………………………… 38
　　2.4.1 输出 …………………………………………………………………………… 38
　　2.4.2 输入 …………………………………………………………………………… 38
2.5 编程风格 ……………………………………………………………………………… 42
　　2.5.1 Java 语言书写规范 …………………………………………………………… 42
　　2.5.2 注释 …………………………………………………………………………… 42
2.6 案例分析 ……………………………………………………………………………… 43
　　2.6.1 案例分析（Java 语言基础）…………………………………………………… 43
　　2.6.2 运行结果 ……………………………………………………………………… 43
　　2.6.3 实现方案 ……………………………………………………………………… 43
2.7 任务训练——Java 基本数据类型、运算符与表达式 ……………………………… 44
　　2.7.1 训练目的 ……………………………………………………………………… 44
　　2.7.2 训练内容 ……………………………………………………………………… 44
2.8 知识拓展 ……………………………………………………………………………… 46
思考与练习 ………………………………………………………………………………… 46

第 3 章　流程控制结构 …………………………………………………………………… 48

3.1 分支结构 ……………………………………………………………………………… 48
　　3.1.1 if 语句 ………………………………………………………………………… 49
　　3.1.2 switch 语句 …………………………………………………………………… 52
3.2 循环结构 ……………………………………………………………………………… 55
　　3.2.1 while 语句 …………………………………………………………………… 55
　　3.2.2 do-while 语句 ………………………………………………………………… 56
　　3.2.3 for 循环语句 ………………………………………………………………… 57
　　3.2.4 多重循环 ……………………………………………………………………… 59
3.3 跳转语句 ……………………………………………………………………………… 60
　　3.3.1 break 语句 …………………………………………………………………… 60
　　3.3.2 continue 语句 ………………………………………………………………… 61
　　3.3.3 return 语句 …………………………………………………………………… 62

- 3.4 程序的断点调试 … 63
- 3.5 案例分析 … 64
  - 3.5.1 案例情景——猜数游戏 … 64
  - 3.5.2 运行结果 … 64
  - 3.5.3 实现方案 … 65
- 3.6 任务训练——流程控制语句 … 66
  - 3.6.1 训练目的 … 66
  - 3.6.2 训练内容 … 66
- 3.7 拓展知识 … 67
- 思考与练习 … 68

第4章 数组与字符串 … 70

- 4.1 一维数组 … 70
  - 4.1.1 一维数组的声明和创建 … 71
  - 4.1.2 一维数组的初始化 … 72
  - 4.1.3 一维数组的引用 … 73
- 4.2 多维数组 … 75
  - 4.2.1 二维数组的定义 … 75
  - 4.2.2 二维数组的初始化 … 75
  - 4.2.3 二维数组的引用 … 76
  - 4.2.4 数组的常用方法 … 78
- 4.3 字符串 … 82
  - 4.3.1 String 类 … 82
  - 4.3.2 StringBuffer 类 … 85
  - 4.3.3 StringTokenizer 类 … 87
  - 4.3.4 main( )方法的参数 … 88
- 4.4 案例分析 … 89
  - 4.4.1 案例情景——冒泡排序 … 89
  - 4.4.2 运行结果 … 89
  - 4.4.3 实现方案 … 90
- 4.5 任务训练——数组与字符串的使用 … 91
  - 4.5.1 训练目的 … 91
  - 4.5.2 训练内容 … 91
- 4.6 知识拓展 … 94
- 思考与练习 … 94

第5章 面向对象程序设计 … 96

- 5.1 面向对象概述 … 96
  - 5.1.1 面向对象基本概念 … 97
  - 5.1.2 面向对象的基本特征 … 97

5.2 类 99
　5.2.1 定义类 99
　5.2.2 成员变量 102
　5.2.3 成员方法 103
　5.2.4 类的对象 106
　5.2.5 构造方法 108
　5.2.6 修饰符 110
　5.2.7 静态属性、静态方法与静态初始化器 111
　5.2.8 最终类、最终属性、最终方法与终结器 113
　5.2.9 包 115
5.3 类的继承 118
　5.3.1 类继承的实现 118
　5.3.2 this 和 super 关键字 119
　5.3.3 抽象类与抽象方法 123
　5.3.4 类对象之间的类型转换 125
5.4 类的多态 127
　5.4.1 方法重载 128
　5.4.2 方法重写 129
5.5 接口 130
　5.5.1 接口的定义 130
　5.5.2 接口的实现 131
　5.5.3 接口的继承 132
　5.5.4 接口的多态 134
5.6 案例分析 135
　5.6.1 案例情景——模拟 ATM 自动取款机 135
　5.6.2 运行结果 135
　5.6.3 实现方案 136
5.7 任务训练——面向对象程序设计 142
　5.7.1 训练目的 142
　5.7.2 训练内容 142
5.8 知识拓展 144
思考与练习 144

第 6 章 异常处理 146

6.1 异常和异常类 146
　6.1.1 异常的定义 147
　6.1.2 Java 异常类及其层次结构 147
6.2 异常处理 149
　6.2.1 异常处理机制 150

6.2.2　捕获异常	150
6.2.3　声明异常	155
6.2.4　抛出异常	156
6.2.5　自定义异常类	157

6.3　案例分析 ……………………………………………………………………………… 158
　　6.3.1　案例情景——身份证验证程序 ……………………………………………… 158
　　6.3.2　运行结果 ……………………………………………………………………… 158
　　6.3.3　实现方案 ……………………………………………………………………… 159
6.4　任务训练——异常及其处理 ………………………………………………………… 160
　　6.4.1　训练目的 ……………………………………………………………………… 160
　　6.4.2　训练内容 ……………………………………………………………………… 160
6.5　知识拓展 ……………………………………………………………………………… 162
思考与练习 ………………………………………………………………………………… 162

第 7 章　输入/输出及文件处理 ……………………………………………………………… 163

7.1　输入/输出流概念 ……………………………………………………………………… 163
7.2　输入/输出流类 ………………………………………………………………………… 164
　　7.2.1　字节流 InputStream 类和 OutputStream 类 ………………………………… 164
　　7.2.2　字符流 Reader 类和 Writer 类 ……………………………………………… 166
7.3　标准输入/输出 ………………………………………………………………………… 167
　　7.3.1　标准输入流 …………………………………………………………………… 167
　　7.3.2　标准输出流 …………………………………………………………………… 168
　　7.3.3　标准错误输出流 ……………………………………………………………… 168
7.4　常用的文件处理 ……………………………………………………………………… 168
　　7.4.1　文件的顺序访问 ……………………………………………………………… 168
　　7.4.2　文件的随机读写 ……………………………………………………………… 170
　　7.4.3　目录和文件管理 ……………………………………………………………… 171
7.5　案例分析 ……………………………………………………………………………… 172
　　7.5.1　案例情景——读取文件到内存，在修改后输出 …………………………… 172
　　7.5.2　运行结果 ……………………………………………………………………… 173
　　7.5.3　实现方案 ……………………………………………………………………… 173
7.6　任务训练——文件访问 ……………………………………………………………… 174
　　7.6.1　训练目的 ……………………………………………………………………… 174
　　7.6.2　训练内容 ……………………………………………………………………… 174
7.7　拓展知识 ……………………………………………………………………………… 176
思考与练习 ………………………………………………………………………………… 178

第 8 章　多线程 ……………………………………………………………………………… 180

8.1　多线程的基本概念 …………………………………………………………………… 180
8.2　多线程的实现机制 …………………………………………………………………… 181

	8.2.1 继承 Thread 类	181
	8.2.2 实现 Runnable 接口	182
8.3	线程的状态和线程的控制	184
	8.3.1 线程的状态和生命周期	184
	8.3.2 线程的控制	185
8.4	线程的同步	186
	8.4.1 共享受限资源	186
	8.4.2 线程间的协作	187
	8.4.3 线程的调度和优先级	194
8.5	案例分析	194
	8.5.1 案例情景——模拟排队买票	194
	8.5.2 运行结果	195
	8.5.3 实现方案	195
8.6	任务训练——多线程使用	198
	8.6.1 训练目的	198
	8.6.2 训练内容	198
8.7	拓展知识	200
思考与练习		200
第 9 章 图形用户界面		**202**
9.1	GUI 概述	202
	9.1.1 AWT 简介	203
	9.1.2 Swing 简介	204
9.2	常用容器	205
	9.2.1 JFrame（框架）	206
	9.2.2 JPanel（面板）	208
9.3	简单 GUI 组件	209
	9.3.1 标签和按钮	209
	9.3.2 单行文本框和多行文本框	213
9.4	布局管理	218
	9.4.1 流式布局	219
	9.4.2 网格布局	220
	9.4.3 边界布局	222
	9.4.4 卡片布局	223
	9.4.5 网格袋布局	224
	9.4.6 空布局	227
9.5	事件处理	229
	9.5.1 Java 事件模型	229
	9.5.2 Java 事件类型	230

```
9.5.3 事件、监听器接口及适配器 ………………………………………… 230
9.5.4 典型事件处理 ……………………………………………………… 231
9.6 复杂 GUI 组件 …………………………………………………………… 233
9.6.1 单选按钮和复选框 ………………………………………………… 233
9.6.2 列表框和组合框 …………………………………………………… 238
9.6.3 菜单和工具栏 ……………………………………………………… 242
9.7 高级 GUI 组件 …………………………………………………………… 246
9.7.1 对话框 ……………………………………………………………… 246
9.7.2 表格 ………………………………………………………………… 250
9.7.3 树 …………………………………………………………………… 252
9.8 案例分析：简易计算器 ………………………………………………… 255
9.8.1 案例情景——简易计算器 ………………………………………… 255
9.8.2 运行结果 …………………………………………………………… 256
9.8.3 实现方案 …………………………………………………………… 256
9.9 任务训练——图形用户界面的设计 …………………………………… 263
9.9.1 训练目的 …………………………………………………………… 263
9.9.2 训练内容 …………………………………………………………… 263
9.10 拓展知识 ………………………………………………………………… 266
思考与练习 ……………………………………………………………………… 266
```

第 10 章 数据库编程 ………………………………………………………… 268

```
10.1 JDBC 编程技术概述 …………………………………………………… 268
10.1.1 数据库基础知识 …………………………………………………… 269
10.1.2 SQL 语言 …………………………………………………………… 269
10.1.3 JDBC …………………………………………………………………… 269
10.2 使用 JDBC 驱动程序编程 ……………………………………………… 270
10.2.1 JDBC 程序模板 ……………………………………………………… 271
10.2.2 使用专用 JDBC 驱动程序连接数据库 …………………………… 272
10.2.3 执行 SQL 语句 ……………………………………………………… 276
10.3 数据库的基本操作 ……………………………………………………… 277
10.3.1 数据查询 ……………………………………………………………… 277
10.3.2 数据添加、修改和删除 …………………………………………… 280
10.4 案例分析：用户信息管理 ……………………………………………… 283
10.4.1 案例情景——用户信息管理 ……………………………………… 283
10.4.2 运行结果 …………………………………………………………… 283
10.4.3 实现方案 …………………………………………………………… 283
10.5 任务训练 ………………………………………………………………… 288
10.5.1 训练目的 …………………………………………………………… 288
10.5.2 训练内容 …………………………………………………………… 288
```

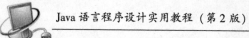

10.6 拓展知识	291
思考与练习	291

思考与练习参考答案 …………………………………………………… 292

第1章 Java语言概述	292
第2章 数据类型与运算符	293
第3章 流程控制结构	294
第4章 数组与字符串	296
第5章 面向对象程序设计	300
第6章 异常处理	305
第7章 输入/输出及文件处理	307
第8章 多线程	309
第9章 图形用户界面	310
第10章 数据库编程	314

参考文献 …………………………………………………………………… 315

第 1 章
Java 语言概述

【知识点】 程序设计语言分类；Java 特点；Java 实现机制；Java 的体系结构；集成开发环境 Eclipse。

【能力点】 理解 Java 实现机制；安装并掌握开发工具 JDK；掌握搭建集成开发环境 Eclipse；熟练运用集成开发环境 Eclipse 编写 Java 程序。

【学习导航】

Java 语言是 Sun 公司于 1995 年推出的面向对象程序设计语言，它集安全性、平台无关性等特性于一身。在网络的发展和智能技术的冲击下，Java 语言得到了更广泛的应用。本章内容在 Java 程序开发能力进阶必备中的位置如图 1-0 所示。

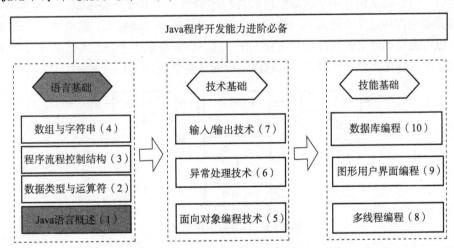

图 1-0 本章内容在 Java 程序开发能力进阶必备中的位置

1.1 软件开发基础

学习程序设计语言之前，需要对软件运行原理有所理解，并对软件开发过程有所了解，这对于初学者尤为重要。

微课：软件开发基础

1.1.1 软件运行原理

计算机是人类20世纪最伟大、最重要的发明之一，其伟大之处就在于它能够以惊人的效率和前所未有的智能化来辅助人们更好地完成认识自然和改造自然的工作。它是有史以来第一种能够完成真正意义上的复杂的"学习"功能的机器，这就使得它具有了某种更接近人类的"思考"能力；与此同时，计算机所特有的超人的计算能力可以把人们的工作效率和生产效率提升成千上万倍，从而把人从最直接、最原始的生产第一线上解放出来，转而从事使用和操纵计算机的工作。

计算机是由不同部分组成的非常复杂的系统，如果把它比作是一项工作，硬件工程师将负责其身体各部分健康、完好；软件工程师将教会它如何学习和工作；计算机的操纵人员将向这个身体健康并学有所长的"工人"布置任务并监督其保质保量地完成。换句话说，计算机由硬件工程师赋予生命，由软件工程师注入灵魂，并最终在千千万万的操作人员手中发挥威力和作用。计算机由控制单元、算术逻辑单元、内存单元、输入单元、输出单元和外存单元组成。计算机的基本原理是存储程序和控制程序，开发人员预先把指挥计算机如何进行操作的指令序列（称为程序）和原始数据通过输入设备输送到计算机内存储器中。每一条指令中明确规定了计算机从哪个地址取数，进行什么操作，然后送到什么地址去等步骤。软件在运行之前将指令保存到内存中的过程称为内存加载或调入内存，这个内存加载的步骤是由CPU执行的。加载成功之后，CPU将从内存中依次取出该软件程序的每一条指令并顺序执行。在执行过程中，CPU可能需要内存中这个软件或其他软件的数据，可能需要调动输入、输出单元完成输入、输出操作，也可能要调度它的软件指令配合工作。这一切，都取决于开发人员事先编写好并已经加载到内存中的程序指令。计算机系统软件运行的基本原理如图1-1所示。

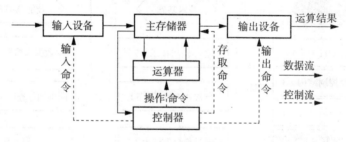

图1-1 计算机工作原理图

程序设计语言是软件开发人员与计算机进行沟通和交流的工具，是计算机能够识别的语言。只有掌握了程序设计语言，软件开发人员才能指挥计算机按照自己的意志完成种种复杂的工作。

1.1.2 软件开发流程

由于软件系统被划分成操作系统软件、系统软件和应用软件，从事软件开发的人员也进行了相应的分工。操作系统软件是硬件裸机和其他软件或用户之间的必由接口，它的性能将决定整个计算机系统的性能，所以其开发要求很高，需要精深的专业知识与技能，正因如此，相应的从业人员也最少。系统软件是操作系统软件和应用软件之间的接口，从事系统软件开发一方面需要开发人员对操作系统有足够深入的了解，以便能充分利用操作系统提供的服务；另一方面，系统软件自身也需要为其上的应用软件提供方便、充分的服务，使应用软件可以不必了解操作系统的细节而直接使用系统软件的功能。从事系统软件开发的人员也较少。应用软件针对某个具体问题或实体，所以功能的专用性最强，软件间的差异性最大，开发的需求量最大，从业人员的人数也最多。开发操作系统软件或系统软件多注重于软件的性能、效率，而开发应用软件则注重用户的需求，即充分研究应用软件的最终用户和操作者希望这个软件具有何种功能，能解决何种问题，并在明确需求的基础之上再去寻找一个能满足这个需求的解决方案：是直接将系统建筑在操作系统之上，还是寻找一个合适的系统软件作为基础，选择何种计算结构等。无论何种情况，开发人员都需要对即将研发的应用软件所立足的基础层次有足够的了解，并掌握这个层次的相应开发工具，为此，需要对软件开发流程有所了解。

软件开发流程（Software Development Process）即软件设计思路和方法的一般过程，包括设计软件的功能和实现的算法和方法、软件的总体结构设计和模块设计、编程和调试、程序联调和测试以及编写、提交程序。软件开发流程如图1-2所示。

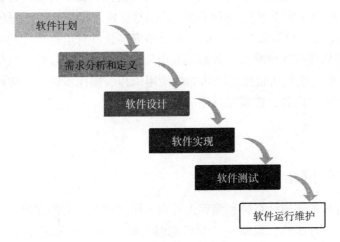

图1-2 软件开发流程

1. 需求调研分析

①相关系统分析员和用户初步了解需求，然后用Word列出要开发的系统的大功能模块，以及每个大功能模块有哪些小功能模块。对于有些需求比较明确的相关界面，在这一步里面可以初步定义好少量的界面。

②系统分析员深入了解和分析需求，根据自己的经验和需求用Word或相关的工具再做出一份系统的功能需求文档。这次的文档会清楚地列出系统大致的大功能模块，大功能模块有哪些小功能模块，并且还列出相关的界面和界面功能。

③系统分析员和用户再次确认需求。

2. 概要设计

首先，开发者需要对软件系统进行概要设计，即系统设计。概要设计需要对软件系统的设计进行考虑，包括系统的基本处理流程、系统的组织结构、模块划分、功能分配、接口设计、运行设计、数据结构设计和出错处理设计等，从而为软件的详细设计提供基础。

3. 详细设计

在概要设计的基础上，开发者需要进行软件系统的详细设计。详细设计需要描述实现具体模块所涉及的主要算法、数据结构、类的层次结构及调用关系，需要说明软件系统各个层次中的每一个程序（每个模块或子程序）的设计考虑，以便进行编码和测试，还应当保证软件的需求完全分配给整个软件。详细设计应当足够详细，使开发者能够根据详细设计报告进行编码。

4. 编码

在软件编码阶段，开发者根据《软件系统详细设计报告》中对数据结构、算法分析和模块实现等方面的设计要求，开始具体的程序编写工作，分别实现各模块的功能，从而实现对目标系统的功能、性能、接口、界面等方面的要求。

5. 测试

测试编写好的系统。交付给用户使用，用户使用后逐一地确认每个功能。

6. 软件交付准备

在软件测试证明软件达到要求后，软件开发者应向用户提交开发的目标安装程序、数据库的数据字典、《用户安装手册》、《用户使用指南》、需求报告、设计报告、测试报告等双方合同约定的内容。《用户安装手册》应详细介绍安装软件对运行环境的要求、安装软件的定义和内容、安装软件在客户端和服务器端及中间件的具体安装步骤、软件安装后的系统配置。《用户使用指南》应包括软件各项功能的使用流程、操作步骤、相应业务介绍、特殊提示和注意事项等方面的内容，在需要时还应举例说明。

7. 验收

用户验收。

1.1.3 程序设计语言

程序设计语言是能够被计算机和编程人员双方所理解和认可的交流工具。当软件开发人员希望计算机完成一件工作，或解决一个问题时，他（她）首先需要把这个问题的实质彻底研究清楚，确定解决问题的方法和步骤；然后再把这个方法和步骤用计算机能够理解和执行的程序设计语言表述出来，形成一组语句的集合，即程序。

程序设计语言并不唯一，在计算机技术发展的 50 年中，先后形成了数百种不同的程序设计语言。按照其发展历史，程序设计语言按其级别可以划分为机器语言、汇编语言和高级语言、第四代语言四大类。

1. 第一代语言（机器语言）

机器语言就是计算机的指令系统，用机器语言编写的程序可以被计算机直接执行。由于不同类型计算机的指令系统（机器语言）不同，因而在一种类型计算机上编写的机器语言程序，在另一种类型的计算机上也可能无法运行。机器语言程序全部用二进制（八进制、十六进制）代码编制，人们不易记忆和理解，也难于修改和维护，所以现在已不用机器语言编制程序了。

2. 第二代语言（汇编语言）

汇编语言用助记符来代替机器指令的操作码和操作数，如用 ADD 表示加法、SUB 表示减法、MOV 表示传送数据等。这样就能使指令使用符号表示而不再使用二进制表示。用汇编语言编写的程序与机器语言程序相比，虽然可以提高一点效率，但仍然不够直观简便。

3. 第三代语言（高级语言）

高级语言是面向用户的、基本上独立于计算机种类和结构的语言。其最大的优点是：形式上接近于算术语言和自然语言，概念上接近于人们通常使用的概念。高级语言的一个命令可以代替几条、几十条甚至几百条汇编语言的指令。因此，高级语言易学易用、通用性强、应用广泛。从描述客观系统来看，程序设计语言可以分为面向过程语言和面向对象语言。

（1）面向过程语言

以"数据结构＋算法"程序设计范式构成的程序设计语言，称为面向过程语言。前面介绍的程序设计语言大多为面向过程语言。

（2）面向对象语言

以"对象＋消息"程序设计范式构成的程序设计语言，称为面向对象语言。目前比较流行的面向对象语言有 Delphi、Java 和 C＋＋等。

4. 第四代语言（简称4GL）

4GL 是非过程化语言，编码时只需说明"做什么"，不需描述算法细节。数据库查询是 4GL 的典型应用。用户可以用结构化查询语言（SQL）对数据库中的信息进行复杂的操作，如用户只需将要查找的内容在什么地方、根据什么条件进行查找等信息告诉 SQL，SQL 将自动完成查找过程。第四代程序设计语言是面向应用，为最终用户设计的一类程序设计语言。它具有缩短应用开发过程、降低维护代价、最大限度地减少调试过程中出现的问题以及对用户友好等优点。

1.2 Java 语言

Java 语言是一种简单的，面向对象的，分布式的，具备解释性、健壮性、安全与系统无关性、可移植性的，高性能、多线程的动态语言。Java 技术具有卓越的通用性、高效性、平台移植性和安全性，广泛应用于 PC、数据中心、游戏控制台、科学超级计算机、移动电话和互联网。在全球云计算和移动互联网的产业环境下，Java 更具备了显著优势和广阔前景。

1.2.1 Java 语言的发展

Java 的前身是 Sun Microsystems 公司开发的一种用于智能化家电的名为"橡树"（Oak）的语言。Oak 语言当时几近失败，直到 1993 年才随着 WWW（万维网）的迅速发展而重现生机。Sun 公司发现可以利用这种技术创造含有动态内容的 WWW 网页，便组织人力对其进行重新开发和改造。1995 年 5 月 23 日，Java 这种定位于网络应用的程序设计语言被正式推出，自那以后，Java 逐步从一种单纯的高级编程语言发展成为一种重要的基于 Internet 的开发平台，并进而带动了 Java 产业的发展和壮大，成为当今计算机不可忽视的力量和重要的发展潮流。

1.2.2 Java 语言的组成

Java 语言由语法规则和类库两部分组成。语法规则确定了 Java 程序的书写规范；类库，或称为运行时库，则提供了 Java 程序与运行它的系统软件（Java 虚拟机）之间的接口。如果把用 Java 语言编写的程序看成是前面讨论过的应用软件，那么 Java 类库就是支持这种应用软件的系统软件的一部分。它实际上是一组由其他开发人员或软件供应商编写好的 Java 程序模块，每个模块通常对应一种特定的基本功能和任务，这样当编写的 Java 程序需要完成其中某一功能的时候，就可以直接利用这些现成的类库，而不需要从头编写。

学习 Java 语言程序设计，也相应地要把注意力集中在两个方面：一是其语法规则，这是编写 Java 程序的基本功；另一个是类库，这是提高编程效率和质量的必由之路，甚至从一定程度上来说，能否熟练自如地掌握尽可能多的 Java 类库决定了一个 Java 程序员编程能力的高低。同时，Java 作为一门网络应用语言，其程序的计算结构相对于以往其他单机上工作的程序也更为复杂。充分了解这些复杂环境和结构，也是对 Java 开发人员的基本要求。

1.2.3 Java 语言的版本

1999 年 6 月，Sun 公司发布 Java 的 3 个版本：

标准版（J2SE – Java2 Platform, Standard Edition）：提供基础 Java 开发工具、执行环境与 API。

企业版（J2EE – Java2 Platform, Enterprise Edition）：由 Sun 公司提供的一组技术规格，规划企业用户以 Java2 技术开发、分发、管理多层式应用结构。

微型版（J2ME – Java2 Platform, Micro Edition）：适用于消费性电子产品，提供嵌入式系统所使用的 Java 开发工具、执行环境与 API。

2005 年 6 月，JavaOne 大会召开时，Sun 公司公布了 Java SE6。此时，Java 的各种版本已经更名，以取消其中的数字"2"：J2EE 更名为 Java EE，J2SE 更名为 Java SE，J2ME 更名为 Java ME。2009 年 4 月 20 日，Sun 公司被 Oracle 公司（甲骨文公司）收购。本书所有内容基于 Java SE 版本。

1.3 Java 开发环境

了解 Java 的开发环境是使用 Java 语言编程的第一步，也是学好 Java 语言的基础。目前，Java 开发环境有很多，除 Sun 公司最早提供的免费的 JDK（Java Development Kit, Java 开发工具包）开发环境外，还有常见的 Eclipse、JBuilder、NetBean 等集成开发环境，但都需要提前安装 JDK 工具包。鉴于实际开发中基本都是使用集成开发环境进行开发，故本书仅介绍在 Windows 7 操作系统下的 JDK 与 Eclipse 的安装与使用。

1.3.1 下载和安装 JDK

JDK 是整个 Java 的核心，包括 Java 运行环境、Java 工具和 Java 基础类库。掌握 JDK 的安装是学好 Java 的第一步。

1. 下载 JDK

Oracle 公司收购 Sun 公司之后，仍然不断推出新的 JDK 版本，目前最新的版本为 JDK8。读者可以直接访问下面的网址下载 JDK：

http://www.oracle.com/technetwork/java/javase/downloads/index.html

微课：JDK 的安装与配置

注意：利用搜索引擎（例如百度）搜索“Oracle”进入 Oracle 公司主页（http://www.oracle.com/index.html），再选择导航栏中的“Downloads”左侧的 Java SE，亦可出现上述网址。

在下载页面，需要根据自己的操作系统选择合适的 JDK，如图 1－3 所示。以最常见的 Windows 操作系统为例，本书下载的 JDK 安装文件名为 jdk－8u31－windows－i586.exe，以后均以此版本为例进行讲解。

Java SE Development Kit 8u31

You must accept the Oracle Binary Code License Agreement for Java SE to download this software.

Accept License Agreement　Decline License Agreement

Product / File Description	File Size	Download
Linux x86	135.24 MB	jdk-8u31-linux-i586.rpm
Linux x86	154.91 MB	jdk-8u31-linux-i586.tar.gz
Linux x64	135.62 MB	jdk-8u31-linux-x64.rpm
Linux x64	153.45 MB	jdk-8u31-linux-x64.tar.gz
Mac OS X x64	209.17 MB	jdk-8u31-macosx-x64.dmg
Solaris SPARC 64-bit (SVR4 package)	136.91 MB	jdk-8u31-solaris-sparcv9.tar.Z
Solaris SPARC 64-bit	97.11 MB	jdk-8u31-solaris-sparcv9.tar.gz
Solaris x64 (SVR4 package)	137.51 MB	jdk-8u31-solaris-x64.tar.Z
Solaris x64	94.82 MB	jdk-8u31-solaris-x64.tar.gz
Windows x86	157.96 MB	jdk-8u31-windows-i586.exe
Windows x64	170.36 MB	jdk-8u31-windows-x64.exe

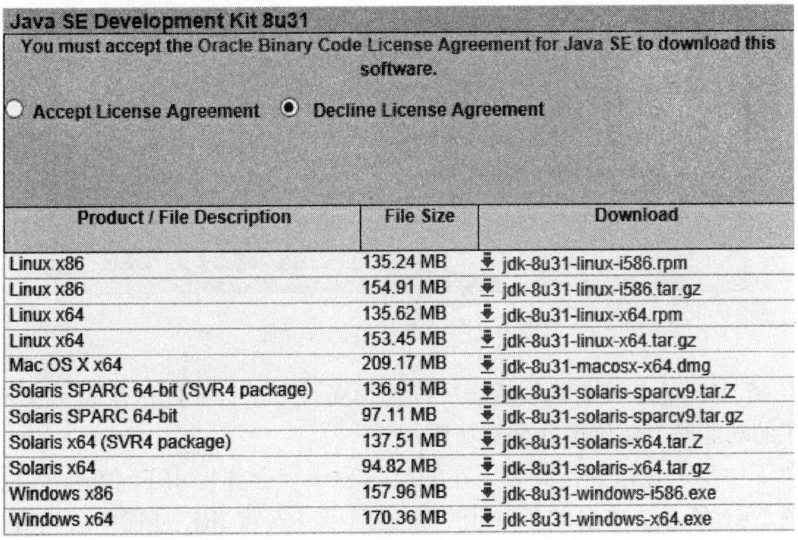

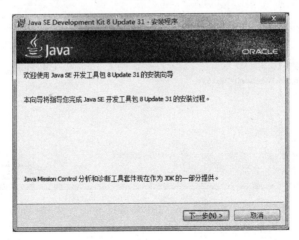

图 1－3　JDK 下载页面

2. 安装 JDK

下载完成后就可以安装 JDK 了，安装 JDK 的操作步骤如下：

①双击下载的 JDK 安装文件 jdk－8u31－windows－i586.exe，即可进入 JDK 安装向导界面，如图 1－4 所示。

图 1－4　JDK 安装向导界面

②单击"下一步"按钮进入 JDK 的安装选择界面，如图 1-5 所示。

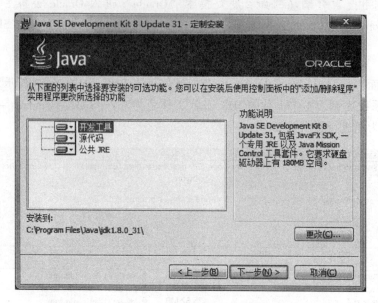

图 1-5　JDK 安装选择界面

③在图 1-5 中，单击"更改"按钮可以选择安装目录，在此保持默认安装目录。在自定义安装程序的功能时，建议选择全部功能。

④单击"下一步"按钮进行安装，在安装过程中，会弹出 JRE（Java 运行环境）的安装提示，如图 1-6 所示，单击"下一步"按钮即可。安装 JRE 过程中会出现如图 1-7 所示的安装界面。

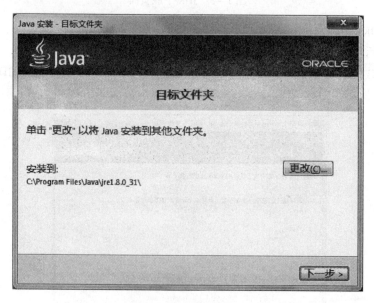

图 1-6　JRE 安装提示

图1-7 JRE 安装过程

⑤最后会弹出如图1-8所示的界面,单击"完成"按钮,即可完成JDK的安装。

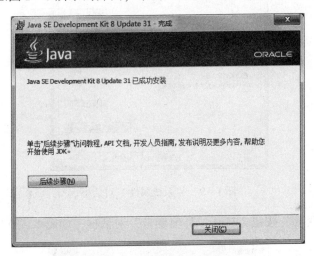

图1-8 JDK 安装成功

安装好JDK后,JDK目录下的一些文件和文件夹说明见表1-1。

表1-1 JDK 目录说明

序号	文件名称	说明
1	COPYRIGHT	JDK 版本说明文档
2	README.html	JDK 的 HTML 说明文档
3	README.txt	JDK 基本内容及功能说明文档
4	src.zip	JDK 程序源代码压缩文件
5	bin 目录	包含了常用的 JDK 工具(编译器、解释器等可执行文件)
6	db 目录	JDK6-7 附带的一个轻量级的数据库,名字叫作 Derby

续表

序号	文件名称	说明
7	include 目录	包含了一些与 C 程序连接时所需的文件
8	jre 目录	存放 Java 运行环境文件
9	lib 目录	存放 Java 的类库文件

3. 设置环境变量

JDK 安装成功后，还需要对操作系统的环境变量进行设置。

①在 Windows 操作系统桌面上右击"计算机"图标，在弹出的快捷菜单中选择"属性"命令，弹出"系统属性"对话框，切换到"高级"选项卡，如图 1-9 所示。

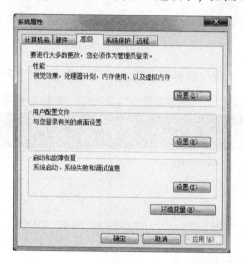

图 1-9 "系统属性"对话框

②单击"环境变量"按钮，打开"环境变量"对话框，如图 1-10 所示。

图 1-10 "环境变量"对话框

③在"环境变量"对话框中单击"系统变量"选项组下方的"新建"按钮,在弹出的"新建系统变量"对话框中输入变量名"JAVA_HOME",用于指定 JDK 的位置,其变量值为"C:\Program Files\Java\jdk1.8.0_31",即 JDK 的安装目录,如图 1-11 所示,然后单击"确定"按钮即可。

④按照同样的方法,新建系统环境变量"CLASSPATH",用于 Java 加载类(Class 或 lib)的路径,其变量值为".;%JAVA_HOME%\lib",其中"."不能少,它表示当前目录。单击"确定"按钮完成设置,如图 1-12 所示。

图 1-11 "新建系统变量"对话框

图 1-12 新建 CLASSPATH 系统变量

⑤在"系统变量"选项组中选择 Path 选项,用于安装路径下识别 Java 命令。单击其下方的"编辑"按钮,弹出"编辑系统变量"对话框,在当前变量值的基础上,增加";%JAVA_HOME%\bin",如图 1-13 所示。

图 1-13 编辑 Path 系统变量

⑥安装并配置好 JDK 之后,选择"开始"→"cmd"命令,打开 DOS 窗口。在 DOS 窗口分别输入 Javac 和 Java 命令,如果能看到如图 1-14 和图 1-15 所示的提示信息,则说明安装正确,否则需要重新设置环境变量。

图 1-14 Javac 命令提示信息(1)

Java 语言程序设计实用教程（第 2 版）

图 1-15　Java 命令提示信息（2）

1.3.2　下载和安装 Eclipse

Eclipse 是一个开放的可扩展的集成开发环境，不仅可用于 Java 桌面程序的开发，而且可以通过安装开发插件构建 Web 项目等的开发环境。Eclipse 是开放源代码的项目，可以免费下载。

1. 下载安装 Eclipse

①在 Eclipse 的官方网址 http://www.eclipse.org 首页上找到下载栏目，下载最新版本的 eclipse-java-luna-SR1a-win32.zip。

②解压 eclipse-java-luna-SR1a-win32.zip 到一个目录，例如解压到 D:\ 下面，则会生成一个 D:\eclipse 文件，这个是 eclipse 的文件夹。

2. Eclipse 界面说明

单击 eclipse.exe，运行 Eclipse 集成开发环境。在第一次运行时，Eclipse 会要求选择工作空间（workspace），用于存储工作内容（本书选择 D:\JavaDemo 作为工作空间），如图 1-16 所示。

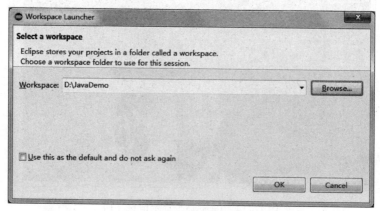

图 1-16　Eclipse 选择工作空间

第 1 章 Java 语言概述

选择工作空间后，Eclipse 打开工作空间，如图 1-17 所示。转至工作台窗口后，Eclipse 界面提供了一个或多个透视图，透视图包含编辑器和视图（如导航器）。用户可同时打开多个工作台窗口。

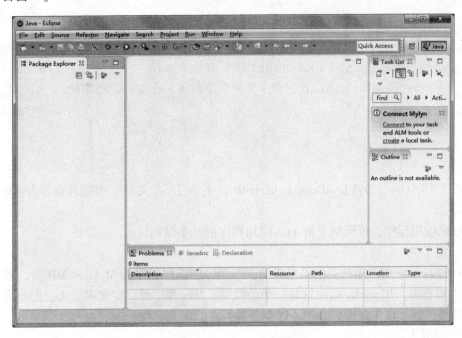

图 1-17　Eclipse 工作台

Eclipse 工作台由几个被称为视图（view）的窗格构成，窗格的集合称为透视图（perspective）。Java 透视图包含一组更适合于 Java 开发的视图。

该工作台有一个便利的特性，即可自定义工作台。使用"Window"菜单下的"Reset Perspective"（复位透视图），可将布置还原成程序初始状态；也可以从"Window"菜单下的"Show View"（显示视图）中选取一个视图来显示。

1.4　第一个 Java 程序

Java 程序分为两种类型：Java 应用程序（Java Application）和 Java 小应用程序（Java Applet）。Java Application 可以独立运行，Java Applet 不能独立运行，但可以使用 appletviewer 或其他支持 Java 的浏览器运行。无论哪种 Java 程序，都用扩展名为 .java 的文件保存。

1.4.1　命令方式开发第一个 Java 应用程序

1. 编写源程序

【例 1-1】编写 MyFirstCMD.java 文件。

Java 源程序是以".java"为后缀名的文本文件，可以用各种 Java 集成

微课：JDK 开发 Java 应用程序

开发环境中的源代码编辑器来编写,也可以用其他文本编辑工具。本例采用 Windows 操作系统自带的"记事本"程序进行编写。

①选择已创建的工作空间 D:\JavaDemo。启动"记事本",编写一个简单的程序,代码如下:

```
public class MyFirstCMD {                                    //定义类
  public static void main(String args[]){                    //main 方法
    System.out.println("命令提示符下的第一个 Java 程序!");
                                                             //显示输出数据
  }
}
```

②在工作空间(D:\JavaDemo\chapter01)下保存该文件,并将其命名为:MyFirstCMD.java。

通过此应用程序,可粗略了解 Java 应用程序的基本结构。

(1) 定义类

所有的 Java 应用程序都是由类组成的,本例中的应用程序为 MyFirstCMD 类。用关键字 class 来声明新类,用 public 指明这是一个公共类。Java 程序可以定义多个类,但最多只能有一个公共类,Java 程序文件名必须为这个公共类名。

(2) main 方法

Java 应用程序的公共类中必须有且仅有一个 main() 方法,且必须用 public、static、void 进行限定。

● public:指明所有类都可以使用这个方法。
● static:指明本方法是一个类方法,可以通过类名直接调用。
● void:指明本方法没有返回值。
● String args[]:传递给 main() 方法的参数。其中,参数名为 args,String 是参数类型,[] 表示是一个数组,可接收 1 个或多个参数,多个参数之间可用空格隔开。
● println:main() 方法中的输出语句,用来实现字符串的换行输出。

(3) 注释

在"//"符号后的一行内容为注释,详见 2.5.2 节的注释介绍。

提醒:编写 Java 程序有如下几条基本规范。

①Java 是区分大小写的语言,关键字的大小写不能写错,例如把 class 写成 Class 或者 CLASS,都会导致出错。

②在一个类的内部不能定义其他的类,即类和类之间是平行而非嵌套的关系。

③一个程序中可以有一个或多个类,但是其中只能有一个主类。不同类型的 Java 程序,其主类的标志是不同的。

例 1-1 中的程序属于 Java Application,这类 Java 程序中的主类标志是包含一个名为 main 的方法。在例子中,main 是程序中唯一类的唯一的方法,这个类 MyFirstCMD 就是程序

第1章 Java语言概述

的主类。

④源程序编写好之后，应该以文件的形式保存，这样的文件称为源程序文件或源文件。

这里需要注意，这个源文件的名字不是随便取的，它必须与程序的主类名一致，并且以java为后缀，所以例1-1中的源文件应命名为MyFirstCMD.java。

2. 编译生成字节码文件

高级语言程序从源代码到目标代码的生成过程称为编译。Java的编译程序是javac.exe，javac命令将Java程序编译成字节码（扩展名为.class）。在命令行下编译MyFirstCMD.java，成功后会返回到命令提示符状态。

3. 运行Java程序

Java应用程序是由独立的解释器程序来运行的。在JDK软件包中用来解释执行Java应用程序字节码的解释器程序为java.exe。在命令提示符下执行已经编译好的MyFirstCMD.class的界面如图1-18所示。

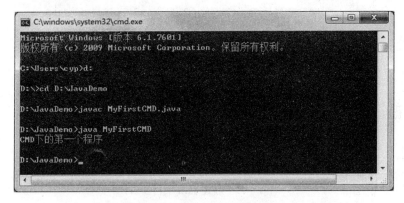

图1-18 编译与运行过程

提醒：在命令提示界面下常用的DOS命令功能如下。

cd——目录名，进入特定的目录；

cd\ ——退回到根目录；

cd.. ——退回到上一级目录；

cls——清除屏幕。

1.4.2 Eclipse环境中开发第一个Java应用程序

1. 新建Java项目

依次选择菜单"File（文件）"→"New（新建）"→"Java Project（Java项目）"，新建一个Java项目并命名为study，如图1-19所示。

微课：Eclipse开发Java应用程序

2. 新建Package包文件

在Eclipse环境中的"Package Explorer（包资源管理器）"中，右键单击项目study下的src节点，依次选择"New（新建）"→"Package（包）"，在src文件夹中新建包"chapter01"，如图1-20所示。

· 15 ·

图 1-19 新建 Java 项目窗口

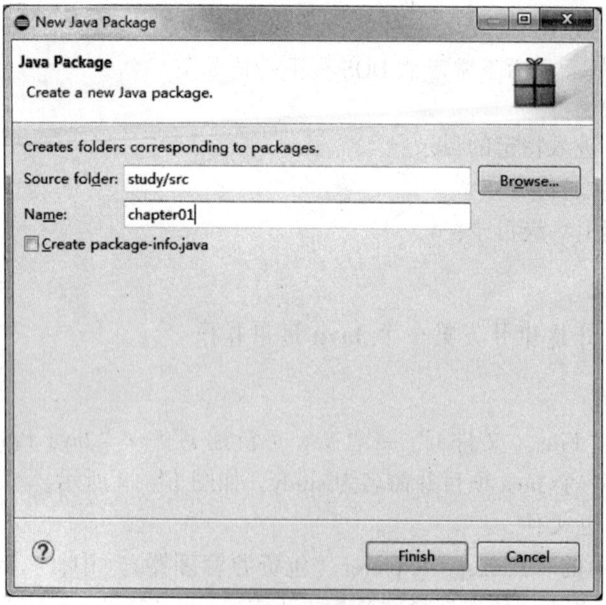

图 1-20 新建包窗口

提醒：以后各章节均在此目录下建立相应的包（chapter02、chapter03 等）。

3．新建 Class 类文件

①在 Eclipse 环境中的"Package Explorer（包资源管理器）"中，右键单击项目 study 下的 src 节点的包"chapter01"，依次选择"New（新建）"→"class（类）"，在 chapter01 文件夹中新建类。

②打开"New Java Class（新建类）"对话框，如图 1-21 所示。在类名输入框中输入 MyFirstEclipse，选中"public static void main(String[ ] args)"前的复选框，单击"Finish（完成）"按钮完成 Java 类的新建过程。

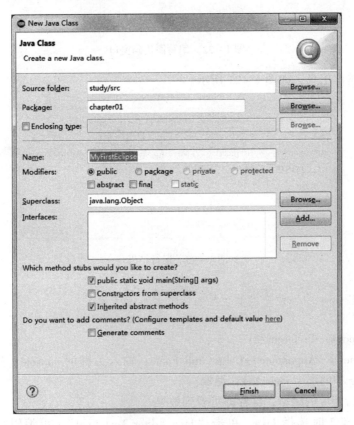

图 1-21　新建类窗口

③系统根据用户的选择自动创建并生成一些程序代码，并在 main( )方法中加入，如图 1-22 所示。

4．编译 Java 程序

编写完成后，保存该程序。在保存的同时，Eclipse 会自动将源程序编译生成字节码文件。如果程序有误，Eclipse 将会进行智能提示。

5．运行程序

在"Package Explorer（包资源管理器）"中，选中 MyFirstEclipse 类节点，单击右键，选择"Run As-Java Application"，系统将自动执行该程序，并在控制台上输出"Eclipse 下的第

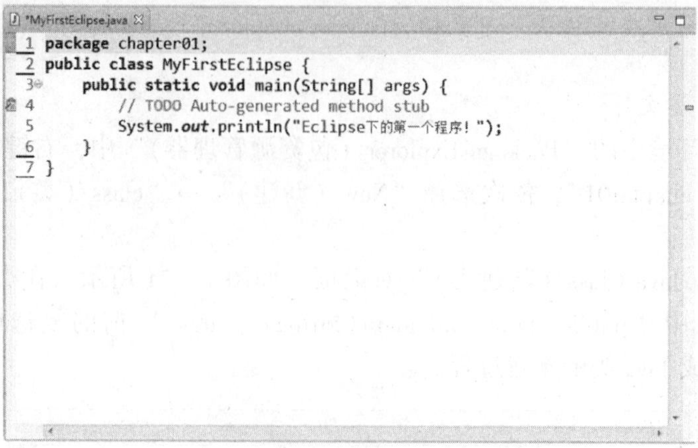

图 1 – 22 编写源代码窗口

一个程序！"字符串信息，如图 1 – 23 所示。

图 1 – 23 运行结果

> **提醒**：在 Eclipse 中，改变控制台显示字体大小步骤如下。

步骤 1：Window→Preferences；

步骤 2：General→Apperance→Colors and Fonts，输入关键词 console，然后选中第二个（注意选择 Debug 中的那个 console），编辑；

步骤 3：进行相应的编辑，保存即可看到效果。

同理，在步骤 2 时选择 Java，单击"Java Editor Text Font"，可编辑源代码中的字体大小。

> **提醒**：Java 项目文件可通过鼠标右键选择导入（Import）和导出（Export（General→File System））的方式，从而进行目标位置的改变（如计算机变化）。

1.4.3 Java 语言开发过程

通过上述两种方式开发第一个 Java 程序之后，相信读者已经对开发 Java 程序的过程有所了解。不论采用哪种方式，开发过程都是将源代码（.java）生成字节码（.class），对于

Java Application 应用程序,则是由 Java 解释器负责执行;对于 Java Applet 小应用程序而言,将由浏览器执行,如图 1-24 所示。

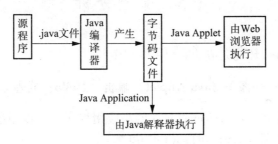

图 1-24　Java 程序的开发过程

1.4.4　Java 的体系结构

Java 技术的核心是虚拟机(Java Virtual Machine,JVM)。所有的程序都运行在虚拟机上,字节码的运行要经过加载代码、校验代码和执行代码三个步骤。完整的 Java 体系结构实际上是由 Java 语言、.class 文件、Java API 和 JVM 四种相关技术组合而成。因此,使用 Java 开发时,先用 Java 语言编写,然后将代码编译为 Java 类文件,接着在 JVM 上执行类文件。任何装有 Java 虚拟机的计算机系统都可以运行 Java 程序,不论最初开发应用程序的是何种计算机系统,这就使得 Java 语言具有跨平台运行能力,其体系结构如图1-25所示。

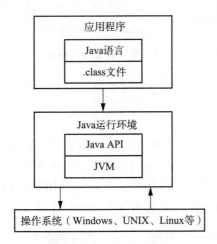

图 1-25　Java 体系结构

其中,Java 运行环境(Java Runtime Environment)是指 JVM 与 Java 核心类共同构成的 Java 平台,该平台建立在操作系统之上。Java API 是指 Java 应用程序接口(Application Program Interface,API),它是一些预先定义好的函数,开发人员仅需知道如何使用即可,而无须知道其内部实现细节。

1.5 案例分析

利用本章所学的 Java 环境完成功能简单的程序。

1.5.1 案例情景——编写 Java Applet，输出"Hello，欢迎进入精彩的 Java 世界！"

编写一个程序，创建名为 Welcome.java 的小应用程序，当程序运行时，弹出小程序查看器，显示"Hello，欢迎进入精彩的 Java 世界！"。

1.5.2 运行结果

程序运行效果如图 1-26 所示。

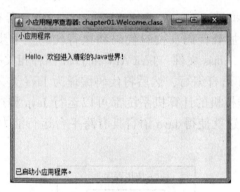

图 1-26　程序运行效果

1.5.3 实现方案

1. 案例分析

在控制台输出"Hello，欢迎进入精彩的 Java 世界！"，利用集成开发环境 Eclipse 完成程序的编写、编译和运行过程。（注意：运行时选择"Run AS"→"Java Applet"）

参考在 1.4.2 节 Eclipse 环境中开发第一个 Java 应用程序的创建步骤，创建如图 1-27 所示的窗口，类名为"Welcome"（无须再勾选 main()）。

> **提醒：** 在与此源文件代码所在的同一目录，可用记事本新建一个文本文件，改名为 welcome.htm，里面放置如下所示的 html 代码，然后参照 1.3.1 节的运行方式，如图 1-28 所示，亦可得到图 1-26 的效果。

```
〈HTML〉
〈TITLE〉Java Applet〈/TITLE〉
〈Applet code = "Welcome.class"height =100width =200〉
〈/Applet〉
〈/HTML〉
```

第 1 章 Java 语言概述

图 1-27 新建类图窗口

图 1-28 CMD 下的 Java Applet 运行效果

2. 参考程序代码

```
import java.awt.Graphics;   //引入 awt 包
import java.applet.*;   //引入 applet 包
public class Welcome extends Applet{   //定义 Applet 类的子类
public void paint(Graphics g){
```

```
        g.drawString("Hello,欢迎进入精彩的Java世界!",20,30);
        //在距水平和垂直方向(20,30)的坐标点输出
    }
}
```

1.6 任务训练——编写简单 Java 程序

1.6.1 训练目的

（1）掌握 Java 程序编写、编译和运行的基本过程；
（2）掌握 JDK 的安装与配置的方法；
（3）掌握 Eclipse 的安装与开发过程；
（4）掌握编写简单 Java 程序的过程。

1.6.2 训练内容

1. 完成对正文中各段代码程序效果的演示。
2. 完成思考与练习中程序的编写与调试。
3. 编写 Java Application 程序，计算 1+2+3+…+100 的和。

微课：简单错误处理

【程序效果】

1+2+3+…+100 的和为:5050

【解题思路】
（1）自然数 1 到 100 的求和，可借助 print( ) 方法完成结果的输出；
（2）1+2+3+…+100 利用程序如何完成求和操作。

【参考程序】

```java
package chapter01;
public class OnetoHundred {
    public static void main(String[] args){
        int sum=0;              //变量初始化
        for(int i=1;i<=100;i++){
            sum+=i;    //sum变量完成累加求和操作
        }
        System.out.print("1+2+3+…+100 的和为:"+sum);
    }
}
```

1.7 知识拓展

1. 问：为什么安装了 JDK 却不能使用 javac 和 java 命令来运行程序？

答：出现此类问题的主要原因是没有配置系统环境变量或系统环境变量配置不正确。因此，需要正确配置 JAVA_HOME、CLASSPATH 和 Path 这三个环境变量。

（1）JAVA_HOME 变量是为了确保系统能正确找到 JDK 的位置；

（2）CLASSPATH 变量是为了让 Java 编译器能正确找到程序所需要的包或类库；

（3）Path 变量是为了确保系统能找到 JDK 的开发工具 javac 和 java。

2. 问：怎样才能学好 Java 语言？

答：Java 语言作为一门面向对象的编程语言，可能使初学者难以理解和应用。但是，只要掌握对程序设计的方法，把语言当作人与计算机交流的工具，学好 Java 的常用语法，遇到问题借助 Java API 的 CHM 文档或者与精通者交流，多读、多看程序，多在开发环境中练习，多阅读参考书，利用好网络资源，善于总结与积累，定能有所收获。

思考与练习

一、选择题

1. 下列 Java 源程序结构中 3 种语句的次序，正确的是（　　）。

   A. import 必为首，其他不限　　　　　B. import，package，public class

   C. public class，package，import　　D. package，import，public class

2. Java 虚拟机（JVM）运行 Java 代码时，不会进行的操作是（　　）。

   A. 加载代码　　　　　　　　　　　　B. 校验代码

   C. 编译代码　　　　　　　　　　　　D. 执行代码

3. 在 JDK 目录中，Java 程序运行环境的根目录是（　　）。

   A. bin　　　　　B. demo　　　　　C. lib　　　　　D. jre

4. 下列对 Java 源程序结构叙述中，错误的是（　　）。

   A. import 语句必须在所有类定义之前

   B. package 语句允许 0 或 1 个

   C. 接口定义允许 0 或多个

   D. Java Application 中的 public class 允许 0 或多个

5. Java 程序的并发机制是（　　）。

   A. 多线程　　　　B. 多接口　　　　C. 多平台　　　　D. 多态性

二、编程题

1. 编写一个 Java Application 程序来输出自己的学号与名字。

2. 编写 Java Application 程序，输出一个由 6 行"＊"组成的直角三角形。

第 2 章
数据类型与运算符

【知识点】常量和变量；基本数据类型；数据类型的转换；运算符；表达式；简单的输入/输出；编程风格。

【能力点】掌握常量和变量的概念；掌握各种数据类型及数据类型的转换；掌握运算符、表达式的使用；掌握基本的输入/输出方法。

【学习导航】

程序是由文档、数据和处理这些数据的算法组成的。数据及其运算是任何一门语言所必需的，Java 语言也不例外。本章内容在 Java 程序开发能力进阶必备中的位置如图 2-0 所示。

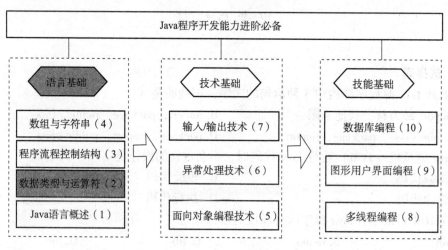

图 2-0　本章内容在 Java 程序开发能力进阶必备中的位置

在中小学数学中有整数、小数等概念的存在，那么 Java 作为一门计算机语言，在计算机中如何进行数据的表达和识别呢？为了解决这个问题，Java 语言和别的高级语言一样，引用了数据类型，利用数据类型声明来完成。

2.1　常量、变量与数据类型

微课：常量变量与数据类型

数据类型指明了变量或表达式的状态和行为，比如，整数作为一种类型，可以做加、减、乘、除和求余。在程序中使用各种数据类型时，其表现形式有两种：常量和变量。

2.1.1 常量

Java 中的常量值是用文字串表示的，分为不同的类型，如整型常量 123，实型常量 1.23，字符常量 'a'，布尔常量 true、false 以及字符串常量 "This is a constant string."。

与高级语言 C、C++不同，Java 中不是通过#define 命令把一个标识符定义为常量，而是用关键字 final 来实现的，如：

```
final double  PI =3.14159;   //有关 final 的用法见后续章节
```

2.1.2 变量

变量是在程序运行中可变的量，是程序用来保存数据而开辟的内存单元，用标识符来标识。Java 语言对标识符的命名规则如下：

①由字母、数字、下划线或美元符"$"组成的序列，且标识符的第一个字符必须是字母、下划线（_）或$符号，不能以数字开头，而且不能为保留字（系统中已定义的）。

②标识符区分大小写，且具有一定的含义，以增强程序的可读性，如 Student_Name。

③Java 使用的是 16 位的 Unicode 字符集，每个字符占两个字节（16 位），而每个汉字也占用两个字节，因此一个汉字与一个字符长度都为 1。

合法的标识符（变量名）如：myName、value_1、dollar $ 等。

非法的标识符（变量名）如：2mail、room#、class（保留字）等。

Java 的变量在使用前必须声明，其声明格式为：

〈数据类型名〉〈变量名称〉[,〈变量名称〉] [,〈变量名称〉] […];

〈数据类型名〉〈变量名称〉 = 〈初始值〉；

例如：int a, b, c;

double d1, d2 =0.0;

其中，多个变量间用逗号隔开，d2 =0.0 表示对实型变量 d2 赋初值 0.0。

提醒：①数据类型名可以为任意一种数据类型。

②Unicode 提供了一个标准化的方法来为使用多种语言的文字编码，因为 Unicode 兼容 ASCII，所以 Unicode 被定义为 ASCII 的扩展，程序可以使用 ASCII 字符集。

③关键字（keyword），也称保留字，是 Java 中具有特殊含义的字符序列，见表 2-1。

表 2-1 Java 的关键字

abstract	boolean	break	byte	case	catch	char
class	const	continue	default	do	double	else
extends	false	final	finally	float	for	goto
if	implements	import	instanceof	int	interface	long
native	new	null	package	private	protected	public

return	short	static	strictfp	super	switch	synchronized
this	throw	throws	transient	true	try	void
olatile	while					

2.1.3 数据类型

Java 的数据类型可分为两大类：基本类型（primitive type）和引用类型（reference type），如图 2-1 所示。基本类型可以分为布尔型、字符型、整数型、浮点型；引用类型可以分为数组（array）类型、类（class）类型和接口（interface）类型，其中引用类型将在后续章节具体介绍。

图 2-1 数据类型的分类

Java 语言的基本数据类型可以分为四大类：整数类型、浮点类型、字符型、布尔型。其中，整数类型和浮点类型两大类根据长度和精度的不同，还可以进一步划分为 byte、short、int、long、float 和 double 几个具体的类型，见表 2-2。

表 2-2 Java 的基本数据类型

序号	数据类型	关键字	占用比特数/位	取值范围	缺省数值
1	布尔型	boolean	8	true, false	false
2	字节型	byte	8	-128~127	0
3	字符类型	char	16	'\u0000' ~ '\uffff' 0~65 535	'\u0'
4	短整型	short	16	-32 768~32 767	0
5	整型	int	32	-2 147 483 648~2 147 483 647	0
6	长整型	long	64	-9.22E+18~9.22E+18	0
7	浮点型	float	32	1.401 3E-45~3.402 8E+38	0.0F
8	双精度型	double	64	2.225 51E-208~1.797 7E+308	0.0D

由表可看出，基本数据类型所占有的比特数和取值范围各不相同，且都有对应的缺省数值，下面首先通过一个例子来了解变量与数据类型的使用。

【例 2-1】变量与数据类型的使用。

微课：变量与数据类型的使用

第2章 数据类型与运算符

```
package chapter02;
public class varible
{   public static void main(String[] args)
    {   boolean b1 = true;
        int x = 10;
        char c = 'A';
        float f = 3.14f;
        String str = "This is a constant string!";
        System.out.println("布尔型:" + b1);
        System.out.println("整型:" + x);
        System.out.println("字符型:" + c);
        System.out.println("浮点数据类型:" + f);
        System.out.println("字符串常量:" + str);
    }
}
```

程序运行效果如图 2-2 所示。

```
布尔型: true
整型: 10
字符型: A
浮点数据类型: 3.14
字符串常量: This is a constant string!
```

图 2-2 变量与数据类型程序运行效果

1. 布尔型

布尔型的变量只有两种取值,它们是"true"和"false",分别代表"真"和"假",常常在条件判断语句中用到。下面的三个语句说明了布尔型变量的定义和赋值方法:

```
boolean b1 = true;
boolean b2;
b2 = false;
```

2. 字符型

(1) 字符常量

字符常量是用单引号括起来的一个字符,如's''#''A',一个字符用一个 16 位的 Unicode 码表示。有些控制字符不能显示,但 Java 提供了转义字符,以反斜杠(\)开头,将其后的字符转变为另外的含义,表 2-3 列出了 Java 中的转义字符。与 C、C++不同,Java 中的字符型数据是 16 位无符号型数据,它表示 Unicode 集,而不仅仅是 ASCII 集。

表2-3 Java中的转义字符及其含义

序号	转义序列	含义	对应于Unicode值
1	\'	单引号字符	\u0027
2	\\	反斜杠字符	\u005c
3	\r	回车	\u000d
4	\n	换行	\u000a
5	\t	Tab（制表符）	\u0009
6	\b	退格	\u0008

(2) 字符型变量

字符变量占两个字节，即在机器中占16位，其范围为0~65 535。字符型变量的定义如：

char c = 'a';/*指定变量c为char型,且赋初值为'a'*/

字符型变量的取值可以使用字符常量（用单引号括起的单个字符），也可以用整数常数。例如，下面的两个语句的作用完全相同，都表达了char_A的值为A：

char char_A = 'A';
char char_A = 65;

与C、C++不同，Java中的字符型数据不能用作整数，因为Java不提供无符号整数类型，但是可以把它当作整数数据来操作，例如：

int three = 3;
char one = '1';
char four = (char)(three + one);   // four = '4'

上例中，在计算加法时，字符型变量one被转化为整数进行相加，最后把结果又转化为字符型。

(3) 字符串常量

String不是一个简单的数据类型，而是一个类（class），它被用来表示字符序列，字符本身符合Unicode标准。与C、C++相同，Java的字符串常量是用双引号""括起来的一串字符，如"This is a string.\n"；但不同的是，Java中的字符串常量是作为String类的一个对象而不是一个数据来处理的。有关类String，将在后续章节中讲述。

提醒：单引号''与双引号""均是在英文状态下。

2. 整型

(1) 整型常量

Java 的整型常数有三种形式：

①十进制整数，如 123，-456，0。

②八进制整数，以 0 开头，如 0123 表示八进制 123，即 (123)₈ 为十进制数 83，-011 表示十进制数 -9。

③十六进制整数，以 0x 或 0X 开头，如 0x123 表示十进制数 291，-0x12 表示十进制数 -18。

整型常量在机器中占 32 位，具有 int 型的值，对于 long 型值，则要在数字后加 L 或 l，如 123L 表示一个长整数，它在机器中占 64 位。

(2) 整型变量

整型变量的类型有 byte、short、int、long 四种，以下几条语句分别定义四种类型的变量：

```
byte b;    //指定变量 b 为 byte 型
short s;   //指定变量 s 为 short 型
int i;     //指定变量 i 为 int 型
long l;    //指定变量 l 为 long 型
```

int 类型是最常使用的一种整数类型，它所表示的数据范围为 64 位。但对于大型计算，常会遇到很大的整数，超出 int 类所表示的范围，这时要使用 long 类型。

提醒：①一个整数隐含为整型 (int)。当要将一个整数强制表示为长整数时，需在后面加 L 或 l。

②在数据后面直接跟一个字母 "L"，表示这是一个 long 型数值。在 Java 编程语言中，L 无论是大写还是小写都同样有效，但由于小写 l 与数字 1 容易混淆，因而避免使用小写。

③在使用整数型变量的时候，要注意其最大和最小取值范围，如果实际取值超过范围，则会出现溢出错误，尤其是在做阶乘的时候。

3. 浮点型（实型）数据

(1) 实型常量

Java 的实常数有两种表示形式：

①十进制数形式。它由数字和小数点组成，且必须有小数点，如 0.123、.123、123.、123.0。

②科学计数法形式，如：123e3 或 123E3。其中 e 或 E 之前必须有数，且 e 或 E 后面的指数必须为整数。实常数在机器中占 64 位，具有 double 型的值。对于 float 型的值，要在数字后加 f 或 F，如 12.3F，它在机器中占 32 位，且表示精度较低。

(2) 实型变量

实型变量的类型有 float 和 double 两种，在程序中用来代表小数。由于计算机采用浮点来计算小数，因此它们就叫浮点数据类型。也因为这个原因，计算机算出来的小数点后的 n 位（视具体的情况而定），与实际的数值总是会有一定的误差。它只会去尽量地接近，所以位数越多越精确。float 是 32 位，一般情况下能表示的范围足够大；如果不够，则只能用 double 型了。这两种类型所占内存的位数及其表示范围见表 2-2。

双精度类型 double 比单精度类型 float 具有更高的精度和更大的表示范围，因此使用较多。如果常数后面有一个 'd' 或者 'D'，那么就表示该常数是 double 型的。实型变量赋值的时候，应该这样写：

```
float f = 3.14f;    //指定变量 f 为 float 型
double d = 3.14d;   //指定变量 d 为 double 型
```

当指定浮点运算值时，其默认类型为 double，故 float f = 3.14 是错误的；要将 3.14 指定为 float，需要在数值的后面加上 F 或 f。

2.1.4 数据类型的转换

Java 是一种强类型的语言，在赋值和参数传递时，都要求类型的匹配。常数或变量从一种数据类型转换到另外一种数据类型的过程，即为类型转换。类型转换有三种情况：隐含类型转换（自动转换）、强制类型转换和类方法转换。

微课：数据类型的转换

1. 隐含类型转换

隐含类型转换（自动类型转换）在赋值和计算时由编译系统按一定的优先次序自动完成。一般低精度类型到高精度的缺省类型转换就是由系统自动转换的。例如，从 char 型转换到 int 型，从 int 型转换到 long 型，都是机器可以自动执行的，例如：

```
int i = 5;
long j = i;
```

提醒：①自动类型转换的优先顺序：
　　　　　byte、short、char→int→long→float→double
②隐含类型转换（自动转换）就好比把小盒子放到大盒子中一样，可以很自然就放进去。

2. 强制类型转换

强制转换是自动转换的逆转换。高精度类型转换到低精度的时候，需要用（数据类型）变量名来强制转换，它由程序员编程决定，编译系统执行。强制类型转换通常都用赋值语句来实现。

注意：高位转换为低位的时候，数据的范围要在低位范围内，例如不能将一个很大的整数 300 000 转化 char 型，因为它超过了 char 范围（65 535）！

强制类型转换举例说明如下：

```
float f = 3.14f;
int i = (int)f;    //i 的值为 3
```

```
long j = 5;
int i2 = (int)j;   //i2 的值为 5
```

对于运算过程中不同数据类型的数据,系统会缺省地把其中较短的一个转换成较长的一个的类型再进行计算,从而引起类型转换。例如:

```
int i2 = 50000000;
long j2 = i2 * 100;
```

最终却得不到希望的结果 5 000 000 000,原因在于 i2 是整型变量,100 也是整型常数,运算后的结果已经被截断,再将其转换成长整型已无用。要得到希望的结果,只需要在 100 后加上 L 而将其变成整型常数,运算时系统就自动将较短的 i2 转换成较长的长整型,再与 100 相乘。

```
int i2 = 50000000;
long j2 = i2 * 100L;
```

3. 类方法转换

使用 Integer 类的方法 parseInt 将 String 字转换为对应的整数类型,见表 2-4。

```
String str = "123";//123 为字符串型
int a = Integer.parseInt(str);//a 值为数值型的 123
```

提醒:Integer 与 String 都是后续章节中介绍的数据类型类。

表 2-4 字符串与数值型的数据转换方法

序号	数据类型	转换方法
1	long	Long. parseLong(数字字符串)
2	int	Integer. parseInt(数字字符串)
3	short	Short. parseShort(数字字符串)
4	byte	Byte. parseByte(数字字符串)
5	double	Double. parseDouble(数字字符串)
6	float	Float. parseFloat(数字字符串)

Java 常用数据类型转换(将在第 4 章介绍,经常用到)如下。

(1) String 类型→基本类型

使用基本类型的包装类(如 byte 的包装类为 Byte、int 的包装类为 Integer 等)的 parseXXXXX(String 类型参数)方法中,XXXXX 为相应包装类名。将字符串 String 转换成整数

int,有两个方法:

```
String str = "123";
1) int i = Integer.parseInt(str);
2) int i = Integer.valueOf(str).intValue();
```

注:字符串转换成 Double、Float、Long 的方法大同小异。

(2) 基本类型→String 类型

使用 String 类的重载方法 valueOf(基本类型参数)将整数 int 转换成字符串 String,有三种方法:

```
1) String s = String.valueOf(i);
2) String s = Integer.toString(i);
3) String s = "" + i;
```

注意:字符串转成 Double、Float、Long 的方法大同小异。

2.2 运算符

Java 语言中的表达式是由运算符与操作数组合而成的,所谓的运算符,就是用来做运算的符号,而参加运算的数据称为操作数。按操作数的数目来划分,运算符的类型有一元运算符(如 +、-、++、--)、二元运算符(如 *、/)和三元运算符(如?:);按功能划分运算符的类型,有算术运算符、关系运算符、逻辑(布尔)运算符、位运算符、赋值运算符和其他运算符等。

2.2.1 算术运算符

算术运算符主要用于完成算术运算,常见的算术运算符见表 2-5。

微课:运算符与表达式

表 2-5 算术运算符

序号	运算符	运算	例子	结果
1	+	正号	+8	8
2	-	负号	a = 3; b = -a;	a = 8, b = -8
3	+	加	a = 3 + 5;	a = 8
4	-	减	a = 5 - 3;	a = 2
5	*	乘	a = 3 * 5;	a = 15
6	/	除	a = 5/3;	a = 1

第2章 数据类型与运算符

续表

序号	运算符	运算	例子	结果
7	%	模（求余）	a = 5%3;	a = 2
8	++	前缀增	a = 3; b = ++a;	a = 4, b = 4
9	++	后缀增	a = 3; b = a++;	a = 4, b = 3
10	--	前缀减	a = 3; b = --a;	a = 2, b = 2
11	--	后缀减	a = 3; b = a--;	a = 2, b = 3

运算符（++、--）与操作数的位置有关：运算符如果放在变量之前（如++i），则变量值先加1或减1，然后进行其他相应的操作（主要是赋值操作）；运算符如果放在变量之后（如i++），则先进行其他相应的操作，然后再将变量值加1或减1。

在书写运算符时还要注意的是：一元运算符与其前后的操作数之间不允许有空格，否则编译时会出错。

当参加二元运算的两个操作数的数据类型不同时，所得结果的数据类型与精度较高（或位数更长）的那种数据类型一致。

对于连接运算符（+），当操作数是字符串时，加（+）运算符用来合并两个字符串；当加（+）运算符的一边是字符串，另一边是数值时，机器将自动将数值转换为字符串，这种情况在输出语句中很常见。如对于如下程序段：

```
int max = 100;
System.out.println("max = " + max);
```

计算机屏幕的输出结果为：max = 100，即此时是把变量max中的整数值100转换成字符串100输出的。

2.2.2 关系运算符

关系运算符用于测试两个操作数之间的关系，通过两个值的比较，得到一个boolean型的比较结果，其值为"true"或"false"。

Java语言共有7种关系运算符，它们都是二元运算符，见表2-6。关系运算符常用于逻辑判断，如用在流程控制结构中的if结构控制分支和循环结构控制循环等处。

表2-6 Java关系运算符

序号	关系运算符	运算	示例	结果
1	instanceof	检查是否为类实例	"Java" instanceof String	true
2	>	大于	2 > 1	true
3	>=	大于等于	2 >= 1	true
4	<	小于	2 < 1	false

续表

序号	关系运算符	运算	示例	结果
5	<=	小于等于	2<=1	false
6	==	等于	2==1	false
7	!=	不等	2!=1	true

①关系运算符的优先级别低于算术运算符,关系运算符的执行顺序是自左至右。

②字符类型操作数是可以进行关系运算的,比如'A'<'a',其运算结果为true,因字符'A'的Unicode编码值小于字符'a'的。

③对于大于等于(>=)或小于等于(<=)关系运算符来说,只有大于和等于两种关系运算都不成立时,其结果才为false,只要有一种(大于或等于)关系运算成立,其结果就为true。例如,对于9<=8,因为9既不小于8,也不等于8,所以运算结果为false。对于9>=9,因为9等于9,所以运算结果为true。

2.2.3 逻辑运算符

逻辑运算符主要完成操作数的逻辑运算,其结果为布尔值。Java的逻辑运算符见表2-7。

表2-7 Java逻辑运算符

序号	运算符	运算	示例	结果	说明
1	&	逻辑与	5>2 & 2>3	false	两者都为真才为真
2	|	逻辑或	5>2 | 2>3	true	两者都为假才为假
3	!	逻辑非	true	false	取反
4	^	逻辑异或	5>2^2>3	true	逻辑值不同时为真
5	&&	短逻辑与	5>2 | 2>3	false	两者都为真才为真
6	||	短逻辑或	5>2 | 2>3	true	两者都为假才为假

提醒: && 和 & 的运算规则基本相同,|| 和 | 的运算规则也基本相同,其区别是:& 和 | 运算是把逻辑表达式全部计算完,而 && 和 || 运算具有短路计算功能。所谓短路计算,是指系统从左至右进行逻辑表达式的计算,一旦出现计算结果已经确定的情况,计算过程即被终止。对于 && 运算来说,只要运算符左端的值为false,则无论运算符右端的值为true或false,其最终结果都为false。所以,系统一旦判断出 && 运算符左端的值为false,则终止其后的计算过程;对于 || 运算来说,只要运算符左端的值为true,则无论运算符右端的值为true或false,其最终结果都为true。所以,系统一旦判断出 || 运算符左端的值为true,则终止其后的计算过程。

2.2.4 位运算符

位运算是以二进制位为单位进行的运算,其操作数和运算结果都是整型值。位运算符共有 7 个,分别是:位与(&)、位或(|)、位非(~)、位异或(^)、右移(>>)、左移(<<)、0 填充的右移(>>>)。Java 的位运算符见表 2-8。

表 2-8 Java 位运算符

序号	运算符	运算	示例	说明
1	&	位与	x&y	把 x 和 y 按位求与
2	|	位或	x|y	把 x 和 y 按位求或
3	~	位非	~x	把 x 按位求非
4	^	位异或	x^y	把 x 和 y 按位求异或
5	>>	右移	x>>y	把 x 的各位右移 y 位
6	<<	左移	x<<y	把 x 的各位左移 y 位
7	>>>	无符号右移	x>>>y	把 x 的各位右移 y 位,左边移进的一律补 0

举例说明:

①有如下程序段:

int x = 64;   //x 等于二进制数的 01000000
int y = 70;   //y 等于二进制数的 01000110
int z = x&y; //z 等于二进制数的 01000000

运算结果为 z 等于二进制数 01000000。位或、位非、位异或的运算方法相同。

②右移是将一个二进制数按指定移动的位数向右移位,移掉的被丢弃,左边移进的部分或者补 0(当该数为正时),或者补 1(当该数为负时)。这是因为整数在机器内部采用补码表示法,正数的符号位为 0,负数的符号位为 1。例如,对于如下程序段:

int x = 70;   //x 等于二进制数的 01000110
int y = 2;
int z = x>>y //z 等于二进制数的 00010001

运算结果为 z 等于二进制数 00010001,即 z 等于十进制数 17。

对于如下程序段:

int x = -70; //x 等于二进制数的 11000110
int y = 2;
int z = x>>y //z 等于二进制数的 11101110

运算结果为 z 等于二进制数 11101110,即 z 等于十进制数 -18。要透彻理解右移和左移操作,读者需要掌握整数机器数的补码表示法。

③0 填充的右移(>>>)是不论被移动数是正数还是负数,左边移进的部分一律补 0。

2.2.5 赋值运算符

赋值运算符"="用来把一个表达式的值赋给一个变量,见表 2-9。如果赋值运算符两边的类型不一致,当赋值运算符右侧表达式的数据类型比左侧的数据类型优先级别低时,右侧的数据被自动转化为与左侧相同的高级数据类型,然后将值赋给左侧的变量。当右侧数据类型比左侧数据类型高时,则需要进行强制类型转变,否则会出错。

表 2-9 Java 赋值运算符

序号	运算符	运算	示例	结果
1	=	赋值	a = 8; b = 3	a = 8, b = 3
2	+=	加等	a += b;	a = 11, b = 3
3	-=	减等	a -= b;	a = 5, b = 3
4	*=	乘等	a *= b;	a = 24, b = 3
5	/=	除等	a/= b;	a = 2, b = 3
6	%=	模等	a%= b;	a = 2, b = 3

2.2.6 条件运算符

条件运算符(?:)的语法形式为:

〈表达式1〉?〈表达式2〉:〈表达式3〉

其运算方法是:先计算〈表达式1〉的值,当〈表达式1〉的值为 true 时,则将〈表达式2〉的值作为整个表达式的值;当〈表达式1〉的值为 false 时,则将〈表达式3〉的值作为整个表达式的值。如:

int a = 1,b = 2,max;
max = a > b? a:b;   //max 等于 2

2.2.7 其他运算符

1. 方括号 [ ] 和圆括号 ( ) 运算符

方括号 [ ] 是数组运算符,方括号 [ ] 中的数值是数组的下标,整个表达式就代表数组中该下标所在位置的元素值。

圆括号 ( ) 运算符用于改变表达式中运算符的优先级。

2. 点运算符

点运算符"."的功能有两个:一是引用类中成员,二是包的层次等级。

2.2.8 运算符优先级

对表达式进行运算时,要按照运算符的优先级顺序从高到低进行,同级的运算则按照从左到右的顺序进行。表 2-10 列出了 Java 中的运算符优先顺序。

表 2 – 10　Java 运算符优先顺序

优先级	描述	运算符	结合性
1	分隔符	[ ]　( )　.　,　;	
2	对象归类，自增自减运算，逻辑非	instauceof　++　--　!	右到左
3	算术乘除运算	*　/　%	左到右
4	算术加减运算	+　-	左到右
5	移位运算	>>　<<　>>>	左到右
6	大小关系运算	<　<=　>　>=	左到右
7	相等关系运算	==　!=	左到右
8	按位与运算	&	左到右
9	按位异或运算	^	左到右
10	按位或	|	左到右
11	逻辑与运算	&&	左到右
12	逻辑或运算	||	左到右
13	三目条件运算	?:	左到右
14	赋值运算	=	右到左

2.3　表达式

表达式是由操作数和运算符按一定的语法形式组成的符号序列，用来说明运算过程返回运算结果。一个常量或一个变量名字是最简单的表达式，其值即为该常量或变量的值；表达式可以嵌套，表达式的值还可以用作其他运算的操作数，形成更复杂的表达式。

①算术表达式：用算术符号和括号连接起来的复合 Java 语法规则的式子，如 1 + x - y - 20。

②关系表达式：结果为数值型的变量或表达式通过运算符形成的关系表达式，如（x + y）> 6。

③逻辑表达式：结果为 boolean 型的变量或表达式通过逻辑运算符复合成的逻辑表达式，如（3 > 5）&&（8 <= 9）。

④赋值表达式：由赋值运算符和操作数组成的符合 Java 语法规则的式子，如 x = 10。

表达式的运算根据运算符的优先级和结合性进行，即按照运算符的优先顺序从高到低进行，同级运算符从左到右进行：先进行单目运算，再进行乘除加减，然后进行位运算，接着进行比较运算，最后进行赋值运算。

2.4 简单的输入/输出

微课：输入输出

输入和输出是程序的重要组成部分，是实现人机交互的手段。输入是指把需要加工处理的数据放到计算机内存中，输出则把处理的结果呈现给用户。在 Java 中，通过使用 System. in 和 System. out 对象分别与键盘和显示器交互而完成程序的输入与输出。

2.4.1 输出

System. out 对象包含多个向显示器输出数据的方法，最常用的方法有：
①print( )方法：向标准输出设备（显示器）输出一行文本，不换行。
例如：

```
System.out.print("Java");
System.out.print("Application");
```

执行该代码显示输出结果为：

```
JavaApplication
```

②println( )方法：向标准输出设备（显示器）输出一行文本并换行。
例如：

```
System.out.println("Java");
System.out.println("Application");
```

执行该代码显示输出结果为：

```
Java
    Application
```

2.4.2 输入

1. 使用 System. in 对象

System. in 对象用于在程序运行时从键盘输入数据。在 Java 中输入数据时，为了处理在输入数据的过程中可能出现的错误，需要使用异常处理机制（异常处理在第 6 章详细介绍），来确保程序具有"健壮性"。使用异常处理命令行输入数据有两种格式：
①使用 try～catch 语句与 read 方法或 readLine 方法相结合。
②使用 throwsIOException 与 rerad 方法或 readLine 方法相结合。
【例 2-2】从键盘读一个字符。

```
package chapter02;
import java.io.*;    //引入 java.io 中的类(输入/输出类)
public class InputorOutput {
public static void main(String[] args) {
    try{                          //异常处理中的 try 语句
        char c = (char)System.in.read();
        //调用 read 方法,读入一个字符存入 c 中
        System.out.print(c);
    }
    catch(IOException e){}        //catch 语句,IOExceptiion 为异常
    }
}
```

或程序为:

```
package chapter02;
import java.io.*;    //引入 java.io 中的类(输入/输出类)
public class InputorOutput {
    public static void main(String[] args)throws IOException {
        char c = (char)System.in.read();
        //调用 read 方法,读入一个字符存入 c 中;
        System.out.println(c);
        }
}
```

程序运行结果为(控制台输入大写"C"):

```
C
C
```

2. 使用命令行参数

在程序执行时,通过在命令行中输入参数来获得数据,可通过 main()方法的 args[] 参数来实现。main()方法的参数是一个字符串类型的数组,程序从 main()方法开始执行,Java 虚拟机会自动创建一个字符串数组,并将程序执行时输入的命令参数放在数组中,最后将数组的地址赋给 main()方法的参数。

【例 2-3】 从键盘读入一个数字字符串和一个整数并输出。

```
package chapter02;
public class ReadFromCommandLine {
public static void main(String[] args){
```

```
    int anInt =0;                        //局部变量初始化
    System.out.println(args[0]);
    anInt = Integer.parseInt(args[1].trim()); //数字串转换成整数
    System.out.println(anInt);
   }
}
```

程序运行效果为(单击"Run"→"Run Configurations"→"Arguments"→"Program arguments",输入:Java   12345):

```
Java
12345
```

3. Scanner 类和键盘输入

Scanner 类是 Java 类库中提供的一个类,提供了读取不同类型数据的方法。默认情况下,Scanner 对象一般会用空格符(空格、Tab 键或换行回车符)分隔,这些分隔符称为分界符。

①创建从键盘中读取输入值的 Scanner 对象。使用 new 运算符和 System.in 参数创建从键盘中读取输入值的 Scanner 对象,例如:

```
Scanner scan = new Scanner(System.in);
```

②读取从键盘中输入的数据。使用 Scanner 对象的如下方法读取指定数据类型的值,见表 2-11。

表 2-11 Scanner 对象读取指定数据的方法

序号	方法名	说明
1	nextByte( )	读取 byte 类型
2	nextShort( )	读取 short 类型
3	nextInt( )	读取 int 类型
4	nextLong( )	读取 long 类型
5	nextFloat( )	读取 float 类型
6	nextDouble( )	读取 double 类型
7	nextBoolean( )	读取 boolean 类型
8	nextLine( )	读取一行的值

③设置分界符。如果分界符不用系统默认空格符,则需要调用如下方法设置 Scanner 对象的分界符:Scanner useDelimiter(String pattern)。

例如,以下语句将 scan 对象的设置分界设置为"/":

scan.useDlimiter("/");

【例2-4】 销售商品。已知某商品销售单价和数量，统计销售总价。

```java
package chapter02;
import java.text.NumberFormat;      //引入NumberFormat类
import java.util.Scanner;           //引入Scanner类
public class ScannerInput {
    public static void main(String[] args){
        double totalPrice,UnitPrice;    //销售总价,销售单价
        int number;                     //销售数量
        NumberFormat currencyformatter=NumberFormat.getCurrencyInstance();
        //设置货币类型的显示格式
        Scanner scan1=new Scanner(System.in);
        //创建从键盘输入的Scanner对象
        System.out.println("分别输入数量、单价并以/分隔:");
        String s=scan1.nextLine();      //读取一行的值作为字符串返回
        Scanner scan=new Scanner(s);
        //创建从字符串中读取输入值得Scanner对象
        scan.useDelimiter("/");         //设置分隔符"/"
        number=scan.nextInt();          //读取销售数量
        UnitPrice=scan.nextDouble();    //读取单价
        totalPrice=number*UnitPrice;    //计算销售总价
        System.out.println("销售总价是:"+currencyformatter.format(totalPrice));
    }
}
```

程序运行结果为：

分别输入数量、单价并以/分隔：
5/5.6
销售总价是：¥28.00

2.5 编程风格

任何一门编程语言都是用来进行人机对话的,都有自己的一套编程风格与书写规范,Java 也不例外。好的程序结构可以让你的程序更专业,更容易被别人理解,更便于维护。

2.5.1 Java 语言书写规范

了解命名规范,可以更好地学习和记忆 Java 类库中的类和函数。下面的几个原则是编写 Java 程序必须遵守的,如果没有非常好的理由,永远不要违背它。

1. 包

包由小写字母和少量数字组成,Java 自己的包以 java. 和 javax 开头,比如 java. awt,别的组织开发的包以组织的 Internet 域名部分开头,比如 com. sun、com. borland。

2. 类和接口

类和接口由一个或几个单词组成,每个单词的第一个字母大写,比如 StringBuffer。类一般用名词和名词词组命名,接口与类相同,可以使用形容词词缀,比如 Runnable 和 Comparable。

3. 方法

方法除第一个字母小写外,与类和接口的命名规则一样,比如 getPersonInfo()。对于取属性值和设置属性值的方法,一般遵循的命名规范:getXXX(),setXXX()。

◆ 转换对象类型返回不同类型的方法:命名成 toType,比如 toString(),toArray()。

◆ 返回视图的方法:命名成 asType()形式,如 asList()。

◆ 返回与调用此方法的对象(WrapperClass)同值的原始类型的方法:命名成 typeValue()形式,比如 intValue(),floatValue()。

4. 域(属性)

◆ 普通域:除第一个字母小写外,与类和接口的命名规则一样,比如 personInfo。

◆ 常数域:由一个或多个被下划线分开的单词组成,比如 VALUES、NEGATIVE_ INTINITY,常数域是唯一允许使用下划线的情况。

5. 局部变量

命名与域相同,可以使用简写,比如 i、j、temp、maxNumber。

6. 代码缩进

缩进(Indent)是通过在每一行代码左端空出一部分长度,更加清晰地从外观上体现出程序的层次结构。代码缩进应以 4 个空格为单位,原则上同一层次关系密切的语句行应对齐,可以借助空格或缩进实现。

2.5.2 注释

注释可提高 Java 源代码的可读性,使得 Java 程序条理清晰,易于区分代码行与注释行。另外,通常在程序开头加入作者、时间、版本、要实现的功能等内容注释,方便后来的维护以及程序员的交流。Java 编译器会忽略注释内容。

对于 Java 注释,主要了解三种:

1. 单行注释

在注释内容前面加双斜线(//)。如

```
/*   int a =10;       //注释一行
```

2. 多行注释

在注释内容前面以单斜线加一个星形标记(/*)开头,并在注释内容末尾以一个星形标记加单斜线(*/)结束。

```
/*   int a =10;
     int b =20; */
```

3. 文档注释

以单斜线加两个星形标记(/**)开头,并在注释内容末尾以一个星形标记加单斜线(*/)结束。放在声明(变量、方法或类)之前的文档注释用以说明该程序的层次结构及其方法。文档注释提供将程序使用帮助信息嵌入到程序中的功能。

2.6 案例分析

利用本章所学的数据类型、运算符、表达式、输入/输出等知识点完成一个具有一定功能的综合实例。

2.6.1 案例分析(Java 语言基础)

编写一个程序:当程序运行时,从键盘输入圆的半径,实现在控制台输出圆的周长和面积。要求:圆的周长只保留整数部分,舍掉小数部分;圆的面积保留小数点后两位。

微课:案例分析
(Java 语言基础)

2.6.2 运行结果

程序运行效果如图 2-3 所示。

     r = 2.5
     圆的周长(只保留整数部分)为:25
     圆的面积为:19.63
     图 2-3 程序运行效果

2.6.3 实现方案

1. 案例分析

程序需要设置一个常量 PI,其值为 3.14;三个变量,其中 r 表示圆的半径、C 表示圆的周长、area 表示圆的面积。按照计算公式圆的周长 C = 2 * 3.14 * r,圆的面积 area = 3.14 * r * r 进行求解。

2. 参考程序代码

```java
package chapter02;
import java.util.Scanner;
/**
 *ComputeCircle.java
 *从键盘上输入圆的半径,求圆的周长和面积
 */
public class ComputeCircle{
    public static void main(String[] args){
        final double PI=3.1415926;          //定义常量PI
        double r,C,area;
        int int_p;
        Scanner scan=new Scanner(System.in);
        r=scan.nextDouble();
        System.out.println("r="+r);
        C=2*PI*r;
        int_p=(int)C;                       //强制类型转换
        area=PI*r*r;
        System.out.println("圆的周长(只保留整数部分)为:"+int_p);
        System.out.println("圆的面积为:"+(double)(Math.round(area*100))/100);
    }
}
```

2.7 任务训练——Java基本数据类型、运算符与表达式

2.7.1 训练目的

(1) 掌握Java的基本数据类型及其数据类型的转换;
(2) 掌握Java的常用运算符;
(3) 掌握Java表达式的应用;
(4) 掌握基本输入/输出的方法。

2.7.2 训练内容

1. 完成对正文中各段代码程序效果的演示。
2. 完成思考与练习中程序的编写与调试。

第 2 章 数据类型与运算符

3. 编写程序,从键盘输入三角形的三边,求三角形的周长和面积并输出。
【程序效果】

```
三角形的周长为:12.0
三角形的面积为:6.0
```

注意:程序运行时,右键单击源文件,选择"Run As"→"Run Configurations",在弹出的对话框中选择"Arguments"选项,在"Program arguments"中输入 3 4 5(注意空格隔开),再单击"Run"按钮即可在控制台看到输出结果。

【解题思路】
(1) 把输入的字符串转换为需要的数据类型;
(2) 根据输入的值判断是否可以构成三角形;
(3) 根据三角形的周长与面积公式计算周长和面积;
(4) 求解过程中需要用到 Math(数学)类的 sqrt(开方)方法。
【参考程序】*

```java
package chapter02;
/**
 * ComputeArea.java
 * 从键盘上输入三角形的三边,求三角形的周长和面积
 */
public class ComputeArea {
    public static void main(String[] args){
        int a,b,c;
        double area,p;
        a = Integer.parseInt(args[0]);
        b = Integer.parseInt(args[1]);
        c = Integer.parseInt(args[2]);
        if(a+b>c&&a+c>b&&c+b>a){
            p = (a+b+c)/2.0;
            area = Math.sqrt(p*(p-a)*(p-b)*(p-c));
            System.out.println("三角形的周长为:"+2*p);
            System.out.println("三角形的面积为:"+area);
        }
        else
            System.out.println("您输入的三边不能构成三角形");
    }
}
```

2.8 知识拓展

1. 问：作比较的两个数是否可以是浮点数？

答：参与比较大小的两个操作数或表达式的值可以是整型，也可以是浮点型，但不能在浮点数之间做等于"=="的比较，因为浮点数表达上有难以避免的微小误差，精确的相等无法达到，所以这种比较毫无意义。

2. 问：为什么没有绝对值、平方根和三角函数等复杂的运算符？

答：绝对值、平方根和三角函数等复杂的运算符由 java.lang.Math 类中的方法实现。

思考与练习

一、选择题

1. 以下变量的定义是合法的是（　　）。
   A. int oIntFirst;   B. float f_ FistNum;
   C. byte b = 32768;   D. boolean true;
2. 按运算符操作数的数目划分，运算符?: 的类型是（　　）。
   A. 三目   B. 二目   C. 四目   D. 一目
3. Java 的字符类型采用的是 Unicode 编码方案，每个 Unicode 码占用（　　）个比特位。
   A. 8   B. 16   C. 32   D. 64
4. 下面属于 Java 关键字的是（　　）。
   A. NULL   B. IF   C. do   D. While
5. 若所用变量都已正确定义，则以下选项中，非法的表达式是（　　）。
   A. a! = 4 || b = = 1   B. 'a'%3
   C. 'a' = 1/2   D. 'A' + 32
6. 以下选项中，合法的赋值语句是（　　）。
   A. a = = 1;   B. + +i;   C. a = a + 1 = 5;   D. y = int(i);
7. 下列代码的执行结果是（　　）。

```
public class Test1{
    public static void main(String args[]){
        System.out.print(100% 3);
        System.out.print(",");
        System.out.println(100% 3.0);
    }
}
```

A. 1, 1   B. 1, 1.0   C. 1.0, 1   D. 1.0, 1.0

8. 下列代码的执行结果是（　　）。
```
public class Test2{
    public static void main(String args[]){
        int a=4,b=6,c=8;
        String s="abc";
        System.out.println(a+b+s+c);
        System.out.println();
    }
}
```
A. ababcc   B. 464688   C. 46abc8   D. 10abc8

二、计算题

1. 已知 int i=6，j=8;，分别对下面表达式计算后求 i 和 j 的值。
(1) j+=++i;
(2) j-=5+i++;
(3) j+=j-=j*=j;

2. 已知 int i=10，j=20，k=30;，计算下面表达式的值。
(1) i<10&&j>10&&k!=10
(2) i<10||j>10||k!=10
(3) !(i+j>k)&&!(k-j>i)

三、编程题

1. 编写一个程序，给出汉字'你''我''他'在 unicode 表中的位置。
2. 编写一个程序，从键盘输入两个数，求这两个数的和、差、积与商。

第 3 章

流程控制结构

【知识点】顺序结构；分支结构；循环结构；跳转语句。

【能力点】熟练掌握分支结构、循环结构、跳转语句的使用。

【学习导航】

算法的好坏决定了程序的运行效率，而算法设计除了用于数据建模外，其功能主要是通过流程语句来实现的。本章内容在 Java 程序开发能力进阶必备中的位置如图 3 - 0 所示。

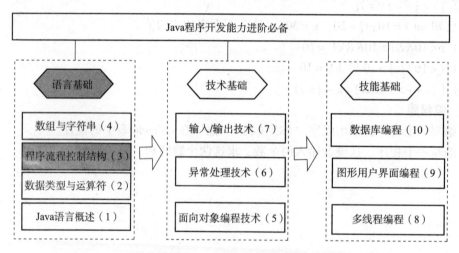

图 3 - 0　本章内容在 Java 程序开发能力进阶必备中的位置

编写计算机程序之前，必须透彻理解要解决的问题，研究解决问题的方法，确定解决问题的步骤（算法）。在任何复杂的算法流程中，都可以用三种基本结构（顺序结构、分支结构、循环结构）来描述。其中，顺序结构是指程序从上到下逐行执行的结构，比较简单，因此主要介绍分支结构和循环结构。

3.1　分支结构

分支结构也称为选择结构，是指根据程序运行时产生的结果或者用户的输入条件执行相应的代码。在 Java 中有两种选择语句可以使用：if 和 switch。使用它们时，可以根据条件来选择接下来要干什么。本节将对这两种形式的语句进行介绍。

3.1.1　if 语句

if 语句是使用最为普遍的条件语句,每一种编程语言都有一种或多种形式的该类语句。

微课：if 语句

1. if 语句的选择形式

if 语句是最简单的选择语句,它可以控制程序在两个不同的路径中执行。下面是 if 语句的一般形式：

```
if(条件)
  {
     //语句块 1
  }
else
  {
     //语句块 2
  }
```

if 语句中的条件表达式的值必须是 boolean 型。如果 if 条件为真,那么执行 if 语句块 1；否则,执行语句块 2。if 分支或者 else 分支语句块中的语句,可以是一条语句,也可以是用大括号 {} 括起来的一组语句（称为复合语句）。if 语句可以没有 else 分支,只有判断形式,此时的执行流程图如图 3-1 所示；也可以两者均有的选择形式,如图 3-2 所示。

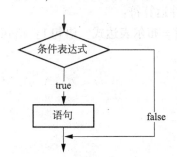

图 3-1　if 语句的判断形式

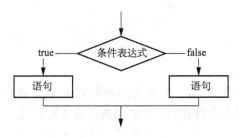

图 3-2　if 语句的选择形式

提醒：if 语句中的 else 并不是一定要有,根据要求可以省略。比如：

```
int x = 4;
if(x > =0)
    System.out.println("x 的值大于零");
```

【例 3-1】 if 条件语句的选择形式示例。

```
package chapter03;
public class IfTwo {                    //判断给定成绩是否合格
    public static void main(String args[]){
        int x = 60;                     //声明变量并赋初值
        if(x > =60)                     //条件判断
            System.out.println("pass");  //大于等于 60 分视为合格
        else
            System.out.println("fail");  //小于 60 视为不合格
    }
}
```

程序运行结果为:

```
pass
```

if-else 语句等价于三目条件运算符:

$$变量 = 布尔表达式? 语句1: 语句2;$$

例如,以下代码:

```
if(x >0)
    y = x;
else
    y = -x;
```

等价于

```
y = x >0? x: -x;
```

2. if 语句的多分支形式

当条件有多个运行结果的时候,上面的两种形式就不能满足要求,此时可以使用 if-else 的多分支结构来进行多个条件选择。if 语句的多分支形式是:

```
if(条件表达式1)语句1;
else if(条件表达式2)语句2;
...
```

```
else if(条件表达式 n-1)语句 n-1;
else 语句 n;
```

与 if 语句结构一样,多分支结构的语句可以是一条语句,或者是用大括号括起来的语句块,其执行流程图如图 3-3 所示。

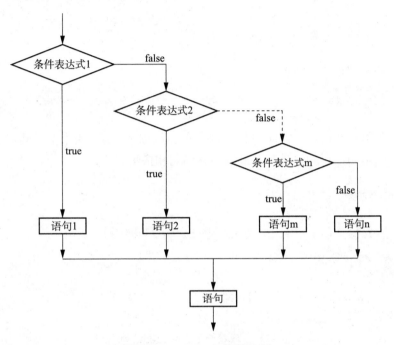

图 3-3 if-else if 执行过程

【例 3-2】if 条件语句多分支形式示例。

```
package chapter03;
public class Ifmany {                //判断星期几
    public static void main(String args[]){
        int today=5;
        if(today==1)
            System.out.println("Today is Monday");
        else if(today==2)
            System.out.println("Today is Tuesday");
        else if(today==3)
            System.out.println("Today is Wednesday");
        else if(today==4)
            System.out.println("Today is Thursday");
        else if(today==5)
```

```
        System.out.println("Today is Friday");
      else if(today = = 6)
        System.out.println("Today is Saturday");
      else
        System.out.println("Today is Sunday");
   }
}
```

程序运行结果为:

```
Today is Friday
```

条件语句可以嵌套使用,在使用 if 语句多分支形式时,最好用大括号确定相互的层次关系,有一个原则是 else 语句总是和其最近的 if 语句相搭配。

```
      int x =0,y =0;
      if(x = =1){
        if(y = =1)      //if 分支嵌套 if - else 结构
          System.out.println("x =1,y =1");
        else
          System.out.println("x =1,y! =1");
      }
      else           //else 分支嵌套 if - else 结构
      {   if(y = =1)
        System.out.println("x! =1,y =1");
        else
        System.out.println("x! =1,y! =1");
      }
```

提醒:一般情况下,if 语句的嵌套最好不要超过三层,并且使用时要注意代码的缩进,以提高程序的可读性。

3.1.2 switch 语句

如果采用 if - else 多分支形式来进行多路分支语句处理,就难免有些过于复杂烦琐,Java 中还提供了一种比较简单的形式,就是 switch 语句。switch 语句也称多分支的开关语句,它的一般格式定义为:

微课:switch 语句

```
switch(表达式){
    case 常量值1:语句块1;
    break;
    case 常量值2:语句块2;
    break;
    ...
    case 常量值n:语句块n;
    break;
    [default:语句块n+1;]
}
```

使用 switch 语句时,应注意以下几点:

①switch 表达式的值必须是 byte、short、int 或者 char 类型。

②各个 case 后边的常量值必须跟表达式类型一致或者可以兼容,并且不能出现重复值。

③一般情况下,各个语句块的最后一个语句使用 break 语句,以便从 switch 结构中退出。如果某个语句块中不使用 break 语句,则继续执行下一个语句块,直到遇到 break 语句或者遇到结构结束符"}"。

④多个 case 常量后的语句块相同时,可以将其合并为多个 case 子句,即 case 子句中不同常量可以对应同一组操作。

⑤switch 语句的执行机制是用表达式的值与各个 case 子句的常量值做等于比较,故 case 子句的顺序可以任意。

【例 3 - 3】 switch 语句示例。

```
package chapter03;
public class  MySwitch {          //判断星期几
    public static void main(String args[]){
    int today = 5;
    switch(today){
    case1:System.out.println("Today is Monday");
      break;
    case2:System.out.println("Today is Tuesday");
      break;
    case3:System.out.println("Today is Wednesday");
      break;
    case4:System.out.println("Today is Thursday");
      break;
    case5:System.out.println("Today is Friday");
```

```
        break;
    case6:System.out.println("Today is Saturday");
        break;
    case7:System.out.println("Today is Sunday");
        break;
    default:System.out.println("please input 1 -7");
    }
}
}
```

程序运行结果为:

```
Today is Friday
```

当不同的 case 子句对应相同的操作时,可以将其合并再加以简化,如下例所示。

【例 3 -4】 switch 语句应用示例。

```
package chapter03;
public class IsLeapYear {            //判断某年某月是多少天
    public static void main(String args[]){
        int month =2,year =2014,day =0;
        switch(month)
        {
        case1:
        case3:
        case5:
        case7:
        case8:
        case10:
        case12:day =31;break;   //1、3、5、7、8、10、12 月均是 31 天
        case4:
        case6:
        case9:
        case11:day =30;break;   //4、6、9、11 均是 30 天
        case2:              //闰年 2 月是 29 天,平年 2 月是 28 天
            if((year% 4 = =0&&year% 100! =0)||(year% 400 = =0))
//判断是否闰年
                day =29;
            else day =28;
```

```
        }
        System.out.println("现在是:"+year+"年"+month+"月:"+day+
"天");
    }
}
```

程序运行结果为:

现在是:2015年2月:28天

3.2 循环结构

循环是指在一定条件下反复进行一项操作。比如,日常生活中打印50份试卷、1 500米的运动会赛跑、车轮的旋转等。Java程序设计中也引入了循环的概念,循环语句会反复执行一段代码,直到循环的条件不满足时为止。循环语句总共有三种常见的形式:while语句、do-while语句和for语句。下面将逐个进行详细的介绍。

一个循环结构一般应包含四部分内容:
● 初始化部分:用来设置循环结构的一些初始条件,如设置计数器等。
● 循环体部分:反复执行的一段代码,可以是单一语句,也可是复合语句。
● 迭代部分:用来修改循环控制条件。一般在本次循环结束,下次循环开始前执行。
● 判断部分:一般是一个关系表达式或逻辑表达式,其值用来判断是否满足循环终止条件。循环结构每执行一次循环都要对判断表达式求值。

3.2.1 while语句

在英文中"while"这个词的意思是"当",而在Java程序设计中,也可以将其理解为"当",其语法结构是:

微课:while循环语句

```
[初始化]          //包含循环变量的初始化
while(循环条件表达式){
循环体;     //除包含循环体要执行的功能外,还包含修改循环变量的控制语句
循环变量修改;
}
```

其中,循环条件表达式的结果必须是布尔类型。执行该循环结构时,先检查循环条件表达式结果是否为真,如果为真,则进入循环,执行循环体并对循环变量进行修改,然后再次对循环条件表达式进行判断,如果为真,则继续执行,如此重复,一旦循环条件表达式结果为假,则退出循环。while循环语句流程如图3-4所示。

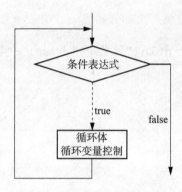

图3-4 while循环语句流程

【例3-5】用while语句计算1+2+3+4+…+100的结果。

```
package chapter03;
public class Example_while {
    public static void main(String[] args){
        int i=1,sum=0;    //变量初始化
        while(i<=100){    //while循环
            sum+=i;       //sum变量完成累加求和操作
            i++;          //循环变量加1,完成递增操作
        }
        System.out.println("1+2+3+...+100 的和为"+sum);
    }
}
```

程序运行结果为:

1+2+3+...+100 的和为5050

3.2.2 do-while 语句

do-while 语句与 while 语句不同的是,它先执行大括号内的循环体,再判断条件,如果条件不满足,下次不再执行循环体。也就是说,在判断条件之前,就已经执行了一次大括号内的循环体。其语法格式是:

微课: do-while 语句

```
[初始化]             //包含循环变量的初始化
do{
循环体;
循环变量修改;
}while(循环条件表达式);      //此处分号必不可少
```

该循环先执行循环体,即使条件表达式的值一开始就为 false,由于循环体中不包含对循环条件的修改,也不会造成死循环。另外,循环结构的分号必不可少。do-while 循环语句流程如图 3-5 所示。

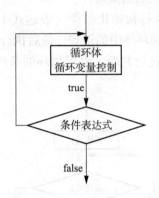

图 3-5　do-while 循环语句流程

【例 3-6】用 do-while 语句计算 1+2+3+4+…+100 的结果。

```java
package chapter03;
public class Example_dowhile {
public static void main(String[] args){
    int i=1,sum=0;           //变量初始化
    do{          //do while 循环
        sum+=i;          //sum 变量完成累加求和操作
        i++;          //循环变量加1,完成递增操作
    } while(i<=100);
  System.out.println("1+2+3+...+100 的和为"+sum);
}
}
```

程序运行结果为:

1+2+3+...+100 的和为 5050

3.2.3　for 循环语句

当事先知道了循环会被执行多少次,可以选择 Java 提供的循环结构 for 循环。for 循环语句的基本结构如下所示:

微课:for 循环语句

```
for(表达式1;表达式2;表达式3){
    循环体
}
```

其中，表达式 1 完成初始化的作用是定义循环变量的初值；表达式 2 完成循环条件判断作用，它规定循环的终点，如果没有该判断表达式，那么此循环就成了死循环；表达式 3 完成循环变量递增或递减的作用，从而结束循环。

执行 for 循环语句时，首先执行初始化操作（表达式 1），然后判断循环条件是否满足（表达式 2），如果满足，则执行循环体中的语句，最后执行循环变量控制部分（表达式 3）。完成一次循环后，再对循环条件进行判断，直到循环的条件不满足才结束整个循环。for 循环语句流程如图 3-6 所示。

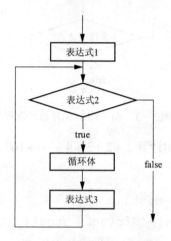

图 3-6 for 循环语句流程

【例 3-7】用 for 语句计算 1+2+3+4+…+100 的结果。

```
public class Example_for {
public static void main(String[] args){
    int sum = 0;            //变量初始化
    for(int i =1;i < =100;i + +){
        sum + =i;   //sum 变量完成累加求和操作
    }
    System.out.println("1+2+3+...+100 的和为"+sum);
}
}
```

程序运行结果为：

1+2+3+...+100 的和为 5050

提醒：表达式 1 和表达式 3 可以省略为空。比如：

int sum = 0,i = 1;   //变量初始化

```
for(;i< =100;){
    result + =i;            //sum变量完成累加求和操作
    i + +;         //循环变量加1
}
```

提醒：表达式3完成递增或者递减，不一定是通过加减1，也可根据需要完成递增或者递减。比如：1到100奇数或者偶数求和，循环变量可改成i=i+2。

提醒：表达式1和表达式3可以用逗号语句进行多个操作。例如：

```
for(i =0,j =5;i <j;i + +,j - -){
    ...
}
```

提醒：如果表达式1、2、3都省略，循环体必须要出现结束循环条件的语句。例如：

```
sum =0;i =1;
for(;;){
    if(i >100)break;
    sum + =i;
    i + +;
}
```

3.2.4 多重循环

在一个循环的循环体内又包含另一个循环，称为循环的嵌套。被嵌入的循环又可以嵌套循环，这就是多重循环。以二重循环为例，被嵌入的循环是内循环，包含内循环的循环是外循环。

微课：多重循环

【例3-8】多重循环举例。

```
//求2~100之间的素数。
package chapter03;
public class PrimeNumber {
public static void main(String[] args){
    int i,k;
    for(k =2;k < =100;k + +){          //外循环控制2~100
        for(i =2;i <k;i + +){          //内循环判断是否素数
```

```
            if(k% i = =0){        //条件为真,说明不是素数
                break;            //跳出当前循环,即内循环
            }
        }
        if(i = =k)                //条件为真说明是素数
        System.out.print(k+" ");  //打印素数,并用空格隔开
    }
    }
}
```

程序运行结果为:

2 3 5 7 11 13 17 19 23 29 31 37 41 43 47 53 59 61 67 71 73 79 83 89 97

提醒：素数又称质数,指在一个大于1的自然数中,除了1和该整数自身外,不能被其他自然数整除的数。

3.3 跳转语句

跳转语句的作用是改变程序的执行流程。Java语言提供了4种跳转语句: break、continue、return 和 throw。

微课：等腰三角形
（循环嵌套）

3.3.1 break 语句

break 语句主要用于 switch 分支结构和循环结构中。switch 语句的作用是强制退出 switch 结构,执行 switch 结构后面的语句;在单层循环结构的循环体中,其作用是强制退出循环结构。若程序中有内外双重循环,则只能退出内循环（如例3-8）,进入外循环的下一轮循环。若想退出外循环,则可使用带标号的 break 语句。

【例3-9】break 语句举例。

```
package chapter03;
public class Jump_Break {
/*程序只计算了1+2+3+4+…+50的结果,后边的循环全部没有执行,即当
i=51 的时候,循环就结束了。*/
public static void main(String[] args){
//"break"语句用来结束循环,即不再执行后边的所有循环
    int result=0;
    for(int i=1;i<=100;i++){
```

```
        if(i>50)break;              //break 跳转语句
        result+=i;
    }
    System.out.println(result);
```

程序运行结果为：

```
1275
```

3.3.2 continue 语句

continue 意为"继续"，只能用于循环结构中。当程序执行到 continue 语句时，意味着结束本轮循环，continue 后的语句不再执行，程序直接进入下一轮循环。若要程序执行到指定位置，也可使用带标号的循环的 continue 语句。

【例 3-10】continue 语句举例。

```
package chapter03;
public class Jump_Continue {
//程序进行从1到100之间除51~60外的整数求和。
    public static void main(String[]args){
        int result=0;
        for(int i=1;i<=100;i++){
            if(i>50&&i<=60)continue;
            result+=i;
        }
        System.out.println(result);
        /*continue 语句用来结束当前循环,并进入下一轮循环,即仅仅这一次循环结束
        了,不是所有循环结束了,后边的循环依旧进行。*/
    }
}
```

程序运行结果为：

```
4495
```

【例 3-11】带标号的程序举例。

```
//打印九九乘法表
package chapter03;
public class MultiplyTable{
```

```java
public static void main(String[] args){
    int i=1,j=1;
    Line5:for(i=1;i<=9;i++){
        for(j=1;j<=9;j++){
            if(j>i){
                System.out.println();
                continue Line5;
            }
            System.out.print(i+"*"+j+"="+i*j+"  ");
        }
    }
}
```

程序运行结果为：

```
1*1=1
2*1=2  2*2=4
3*1=3  3*2=6  3*3=9
4*1=4  4*2=8  4*3=12  4*4=16
5*1=5  5*2=10  5*3=15  5*4=20  5*5=25
6*1=6  6*2=12  6*3=18  6*4=24  6*5=30  6*6=36
7*1=7  7*2=14  7*3=21  7*4=28  7*5=35  7*6=42  7*7=49
8*1=8  8*2=16  8*3=24  8*4=32  8*5=40  8*6=48  8*7=56  8*8=64
9*1=9  9*2=18  9*3=27  9*4=36  9*5=45  9*6=54  9*7=63  9*8=72  9*9=81
```

3.3.3 return 语句

return 语句用于方法体中，它的作用是退出该方法并返回指定数值，使程序的流程转到调用该方法的下一条语句。return 语句格式有：

- return　表达式、变量或数值

  方法有返回值，方法的类型为非 void 类型。

- return；

  方法没有返回值，方法的类型为 void 类型。

3.4 程序的断点调试

Java 语言中,当某行代码添加断点后,系统在运行到该行代码的时候会停止。借助断点的功能,可以帮助开发人员完成程序中问题的跟踪与调试,以下是断点的使用步骤。

①在 Eclipse 环境中只需单击左边面板(行号前面),断点即被创建,如图 3-7 所示。

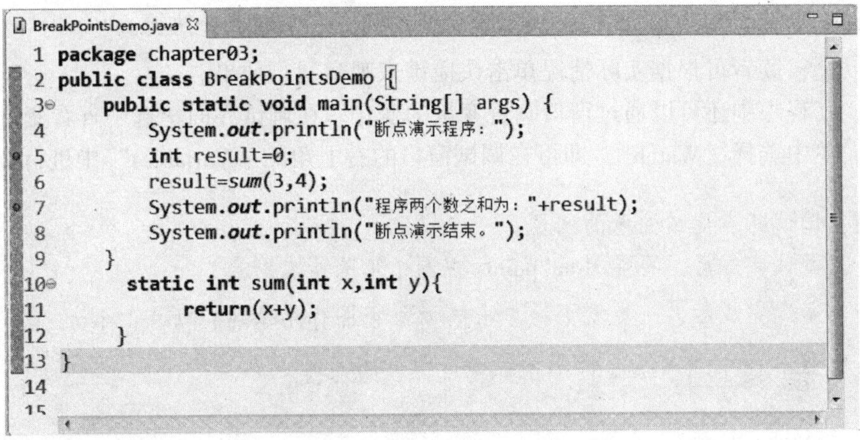

图 3-7 断点演示程序

②找到需要进行调试的源文件,单击右键→"Debug AS"→"Java Application",即可进入调试界面,如图 3-8 所示。

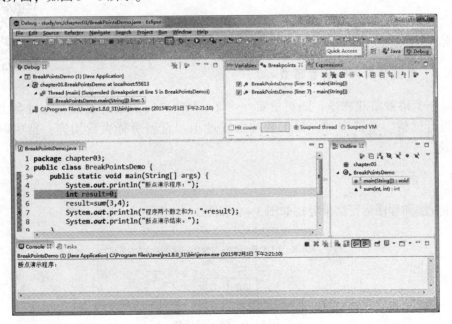

图 3-8 断点调试程序界面

③读者可单击工具栏上的 ▭▭▭▭ 四个图标，依次是 Step Into（F5 键）、Step Over（F6 键）、Step Return（F7 键）、Drop To Frame，其功能分别是：

Step Into（F5 键）是跳入，如果当前行有方法调用，程序将会跳转到被调用方法的第一行执行。

Step Over（F6 键）是跳出，移动到下一行。如果在当前行有方法调用，那么程序会直接移动到下一行执行，而不会进入被调用方法体里面。

Step Return（F7 键）是返回，使程序从当前方法中跳出，继续往下执行。

Drop To Frame 表示跳到当前方法的上一行。

Resume（F8 键）对应 ▭ 图标，表示程序移动到下一个断点处执行。

以上功能，读者可根据实际情况单击快捷键来观察运行效果。

另外，在程序中还可以通过窗口查看变量的变化。在调试界面，选中查看变量，鼠标右键在弹出菜单中选择"Watch"，即可在调试窗口的右上角的"Variables"中进行查看。

> **提醒**：调试断点应该注意的问题：
> ①断点调试完成后，要在 Breakpoints 视图中清除所有断点。
> ②断点调试完成后，一定要记得单击该 ▭ 红色图标结束运行断点的 jvm。
> ③也可单击 ▭Java ▭Debug 两个图标完成窗口的切换。

3.5 案例分析

利用本章所学的分支结构、循环结构等知识点完成一个具有一定功能的综合实例。

微课：猜数游戏

3.5.1 案例情景——猜数游戏

编写一个猜数游戏程序：随机给定一个 1~100 之间的被猜整数，从键盘上反复输入整数进行试猜。未猜中时，提示数过大或过小，直到所猜次数用完；猜中时，指出猜的次数。

3.5.2 运行结果

操作方法和程序运行结果分别如图 3-9 和图 3-10 所示。

图 3-9 输入试猜数

图 3-10　程序运行结果

3.5.3　实现方案

1. 案例分析

①定义所需变量（布尔变量 guessflag 表示是否猜中；整型变量 guessnumber 接收用户输入数据；整型变量 realnumber 接收随机函数生成的被猜数；整型变量 count 计数所猜次数）；

②利用随机函数生成随机的被猜整数（Math 类的 random() 方法随机产生一个 0.0 ~ 1.0 之间的数）；

③设置循环结束条件（boolean guessflag = true; int count = 0;），接收从键盘输入数据，并将其转换成基本数据类型；

④根据输入的值与被猜数的值进行比较，给出相应提示信息，修改猜数次数 count 的值。

2. 参考程序代码

```java
package chapter03;
import javax.swing.JOptionPane;
public class GuessGame{
    public static void main(String[] args){
        boolean guessflag = false;
        int realnumber = (int)(Math.random()*100+1);
        int guessnumber = 0;
        int count = 0;
        while(guessflag! = true&&count<3){
            guessnumber = Integer.parseInt(JOptionPane.showInputDialog
("请输入一个整数进行试猜,注意允许竞猜的最大次数是 3 次!",new Integer(guess-
number)));
            if(guessnumber>realnumber){
                count++;
                System.out.println("您输入的数字太大了,请重新猜!");
            }
            else if(guessnumber<realnumber){
                count++;
```

```
            System.out.println("您输入的数字太小了,请重新猜!");
        }
        else{
            count++;
            System.out.println("恭喜您猜对了,您共猜了"+count+"次。");
            guessflag=true;
        }
    }
    if(guessflag!=true&&count==3)
    System.out.println("您共猜了"+count+"次,已经超过了允许竞猜的最大次数！游戏结束!");
}
}
```

3.6　任务训练——流程控制语句

3.6.1　训练目的

（1）掌握分支结构的使用；
（2）掌握循环结构的使用；
（3）掌握跳转语句的使用；
（4）掌握流程控制语句的综合使用。

3.6.2　训练内容

1. 完成对正文中各段代码程序效果的演示。
2. 完成思考与练习中程序的编写与调试。
3. 百鸡问题：公鸡5元/只，母鸡3元/只，小鸡3只/元，问100元买100只鸡，其中公鸡、母鸡、小鸡各几只？

【程序效果】

```
公鸡0只,母鸡25只,小鸡75只。
公鸡4只,母鸡18只,小鸡78只。
公鸡8只,母鸡11只,小鸡81只。
公鸡12只,母鸡4只,小鸡84只。
```

【解题思路】

（1）公鸡、母鸡、小鸡分别买 x、y、z 只；

（2）满足条件：$x+y+z=100$，$5x+3y+z/3=100$；

（3）根据单价、鸡和钱的总数分析 x、y、z 的取值范围是：x 的取值范围是 0～20，y 的取值范围是 0～33，z 的取值范围是 0～100，且 z 是 3 的倍数。

【参考程序】

```java
package chapter03;
public class HundredAnimal{
  public static void main(String[] args){
    int z=0;
    boolean isAnswer=false;
    for(int i=0;i<=20;i++){
      for(int j=0;j<=33;j++){
        z=100-i-j;
        if((z%3==0)&&(5*i+3*j+z/3==100)){
          System.out.println("公鸡"+i+"只,母鸡"+j+"只,小鸡"+z+"只。");
          isAnswer=true;
        }
      }
    }
    if(!isAnswer)
      System.out.println("本题无解!");
  }
}
```

3.7 拓展知识

1. 问：如何使用控制结构？

答：程序结构分为顺序结构、选择结构和循环结构。使用选择结构时，需要考虑是使用 if 语句还是 switch 语句：除典型的满足多路分支的情况外，其他情况大多使用 if 语句。使用循环结构时，如果循环次数已知，则选择 for 循环语句；循环次数不定的情况下，要选择 while 循环或 do-while 循环语句。

2. 为什么有时在使用循环结构语句编程时会出现死循环现象，即循环无法终止或者程序的运行结果不正确？

答：死循环是由控制循环的条件设定不恰当造成的。无论是哪一种循环结构，都必须设置好循环的起点、循环结束的条件、控制循环的关键性语句，否则循环可能不正确或者造成死循环。

思考与练习

一、选择题

1. 给出下面程序段：

```
if(x>0){System.out.println("Hello.");}
else if(x>-3){System.out.println("Nice to meet you!");}
else{System.out.println("How are you?");}
```

若打印字符串"How are you?"，则 x 的取值范围是（　　）。
A. x>0　　　　B. x>-3　　　　C. x<=-3　　　　D. x<=0&x>-3

2. switch 语句不能用于（　　）数据类型。
A. double　　　B. byte　　　　C. short　　　　D. char

3. 给出下面代码段：

```
public class Test1{
public static void main(String args[]){
int m;
switch(m)
{
case 0:System.out.println("case 0");
case 1:System.out.println("case 1");break;
case 2:
default:System.out.println("default");
}}}
```

下列 m 的值中，将引起"default"的输出的是（　　）。
A. 0　　　　　　　　　　　　B. 1
C. 2　　　　　　　　　　　　D. 以上答案都不正确

4. 复合语句是用（　　）括起来的一段代码。
A. （ ）　　　B. { }　　　　C. [ ]　　　　D. ' '

5. 在 Java 中，（　　）关键字是用来终止循环语句的。
A. return　　　B. exit　　　　C. continue　　　D. break

二、编程题

1. 编写程序，实现 n!（阶乘）之和（n=5）。
2. 编写程序，实现对输入的任一整数按相反顺序输出该数。例如输入 1314，输出 4131。

3. 编写程序，实现输出 100~999 之间的水仙花数的功能。提示：水仙花数是指一个三位数，其各位数字的立方和等于该数本身，即 $d_1d_2d_3 = d_1*d_1*d_1 + d_2*d_2*d_2 + d_3*d_3*d_3$。

4. 猴子吃桃子问题：猴子第一天摘下若干个桃子，当即吃了一半，还不过瘾，又多吃了一个，第二天早上又将剩下的桃子吃掉一半，又多吃了一个。以后每天早上都吃了前一天剩下的一半零一个。到第 10 天早上想再吃时，只剩下一个桃子了，求第一天共摘了多少桃子。

第 4 章
数组与字符串

【知识点】一维数组；二维数组；字符串。

【能力点】熟练掌握一维数组、二维数组、字符串的使用。

【学习导航】

程序有时需要对同一类型的数据进行处理。本章内容在 Java 程序开发能力进阶必备中的位置如图 4-0 所示。

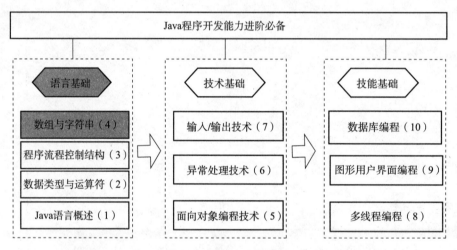

图 4-0 本章内容在 Java 程序开发能力进阶必备中的位置

前面章节学了一个变量可表示为一种数据类型，在实际应用中，经常需要处理相同数据类型的一组数据，为此 Java 引入了数组的概念。根据构成形式，数组可分为一维数组和多维数组，本章主要介绍一维数组和二维数组。字符串是字符的序列，在程序设计中经常用到，尤其是与网络相关的程序。

4.1 一维数组

数组是一种数据结构，是具有相同数据类型的有序数据集合。Java 中的数组由基本数据类型的元素或对象组成。数组中的每个数据称为一个数组元素，同一数组中的各个数组元素具有相同的数据类型，并且在内存中连续存放。数组元素之间通过下标来区分，Java 中数组的下标从 0 开始。

4.1.1 一维数组的声明和创建

微课：一维数组

1. 一维数组的声明

和变量一样，数组必须先定义才能使用。定义一维数组的格式有：

```
数据类型-数组名[];
```

或

```
数据类型[]数组名;
```

其中，数据类型可以为 Java 中的任意数据类型，数组名为一个合法的标识符，[] 指明该变量是一个数组类型变量。方括号 [] 是数组的标志，表示声明的是数组变量而不是普通变量，它可以出现在数组名的后面，也可以出现在数组元素类型名的后面，两种定义方法没有什么差别。

例如：

```
int score[];/*声明了一个名称为 score 的一维数组,数组元素的数据类型是
int。*/
```

或

```
String[]name;/*声明了一个名称为 name 的一维数组,数组元素的数据类型是
String。*/
```

注意：不能这样创建数组：
```
int intArray [10];
```

2. 一维数组的创建

Java 定义数组仅仅指定了数组名和数组元素的类型，[] 中并没有指出数组中元素的个数，即数组长度。必须用运算符 new 为数组分配内存空间，指明数组元素的长度，同时对数组元素进行初始化。否则，不能访问数组的任何元素。

用运算符 new 初始化数组格式如下：

```
数组名 = new 数据类型[元素个数];
```

如：

```
int score[];
score = new int[5];
```

为整型数组 score 分配了 5 个整数元素的内存空间，并使每个元素初值为 0。通常，这两部分可以合在一起，用一条语句完成。例如：

```
int score[] = new int[5];
```

4.1.2 一维数组的初始化

在创建后，数组就具有了默认的初始值，即每个数组元素会自动被赋予其数据类型的默认值，如 int 型数组的默认初始值为 0；double 型的默认初始值为 0.0；boolean 型的默认初始值为 false；对象型的默认初始值为 null。在实际应用中，很少使用数组默认值，通常需要对每一个数组元素显式地重新赋值，这个过程就是数组的初始化。

一维数组被赋予的初值，由花括号"{ }"括起的一串由逗号分隔的表达式组成，逗号","分隔数组元素中的值。在语句中不必明确指明数组的长度，系统会自动根据所给的元素个数为数组分配一定的内存空间。语法格式如下：

```
数据类型[] 数组名 = new 数据类型[]{值1,值2,值3,…,值n};
```

或

```
数据类型[] 数组名 = {值1,值2,值3,…,值n};
```

例如：

```
int score[] = new int[]{89,76,88,79,82};
```

或

```
int score[] = {89,76,88,79,82};
```

上例创建了一个包含 5 个整型元素的数组，同时给出了每个元素的初值。一旦数组 score 被创建，则数组的长度自动设置为 5，不能再改变。

注意："{ }"里的每一个数组元素的数据类型必须是相同的。

当数组元素的值具有明显规律，或者数组长度较长不便于直接给出所有初值时，可以使用 for 循环来进行初始化。例如，使用 for 循环对一个整型一维数组 a 进行初始化，a.length 表示数组的长度，代码如下：

```
int[] a = new int[6];
for(int i = 0; i < a.length; i++){
    a[i] = i;
}
```

4.1.3 一维数组的引用

定义了一个数组,并用 new 操作符为数组分配内存空间,并进行初始化后,就可以引用数组中的每一个元素。通过数组名和数组元素的下标来引用一个数组元素,其语法格式为:

数组名[index]

其中,index 为下标,其值为整型常数或表达式,但下标只能从 0 开始。对于上例中的 score 数组来说,它有 5 个元素,分别为 score[0]、score[1]、score[2]、score[3]、score[4]。

注意:没有 score[5] 的表示方式。

另外,Java 对数组元素要进行越界检查以保证安全性。同时,对于每个数组,都有一个属性 length 指明它的长度。例如:score.length 指明数组 score 的长度。

使用 Java 数组时需要注意的几个问题:

①数组元素的下标(即 [ ] 内的数字,代表了数组元素在数组中的位置)从 0 开始,直到数组元素个数减 1 为止。例如长度为 10 的数组,其元素下标为 0~9。数组的下标必须是整型或者可以转化成整型的量。

②所有的数组都有一个属性 length,这个属性存储了数组元素的个数,利用它可以方便地完成许多操作。

③Java 系统能自动检查是否有数组下标越界的情况。例如,数组 MyIntArray 的长度为 10,包含 10 个元素,下标分别为 0~9。如果在程序中使用 MyIntArray[10],就会发生数组下标越界的情况,此时 Java 系统会自动终止当前的流程,并产生一个名为 ArrayIndexOutOfBoundsException 的例外,通知使用者出现了数组下标越界的情况。避免这种情况的一个有效方法是利用上面提到的 length 属性作为数组下标的上界。

④强行使用未初始化的数组,就会出现 NullPointException 的异常错误。

我们来看一个简单的例子:

【例4-1】对数组中的每个元素赋值,然后按逆序输出。

微课:一维数组实例

```
package chapter04;
public class OneArray {
    public static void main(String args[]){
    int i;
    int a[] = new int[5];
    //定义包含 5 个元素的整型数组 a,并用 new 操作符分配内存空间
    for(i = 0;i < 5;i + +)
    //设置一个执行 5 次的循环,为数组 a 的各元素赋初值
        a[i] = i;
    for(i = a.length - 1;i > = 0;i - -)   //逆序输出数组 a 的各元素
        System.out.println("a[" + i + "] = " + a[i]);
    }
}
```

程序运行结果如下:

```
a[4]=4
a[3]=3
a[2]=2
a[1]=1
a[0]=0
```

【例4-2】Fibonacci（斐波那契）数列。Fibonacci数列的定义为：

f(1)=1,f(2)=1,f(n)=f(n-1)+f(n-2),n>2 即斐波那契数列由1开始，之后的斐波那契系数就由之前的两数相加。

```java
package chapter04;
public class Fibonacci {
    public static void main(String args[ ]){
        int i;
        int f[ ] = new int[10];
        f[0] = f[1] = 1;          //Fibonacci 数列的前2项为1
        for(i=2;i<10;i++)
            f[i] = f[i-1] + f[i-2];
            //从第3项开始,每个数据项的值为前两个数据项的和
        for(i=0;i<10;i++)         //输出 Fibonacci 数列的前20项
            System.out.println("F[" + i + "]=" + f[i]);
        }
    }
```

程序运行结果为:

```
F[0]=1
F[1]=1
F[2]=2
F[3]=3
F[4]=5
F[5]=8
F[6]=13
F[7]=21
F[8]=34
F[9]=55
```

微课:一维数组的应用　　微课:一维数组的应用
（查询与修改）　　　（插入与删除）

4.2 多维数组

在Java语言中并不直接支持多维数组,多维数组被看作数组的数组。例如二维数组为一个特殊的一维数组,其每个元素又是一个一维数组。我们主要介绍二维数组,多维的情况与二维数组类似。

4.2.1 二维数组的定义

二维数组为一个特殊的一维数组,其中每个元素又是一个一维数组。
二维数组的定义方式为:

微课:二维数组

数据类型 数组名[ ][ ];

或

数据类型[ ][ ]数组名;

例如:

int intArray[ ][ ];

与一维数组一样,这时也没有对数组元素分配内存空间,同样要使用运算符new来分配内存,然后才可以访问每个元素。

对高维数组来说,可直接为每一维分配空间,如:

int a[ ][ ] = new int[2][3];

创建了一个二维数组a,该数组见表4-1。

表4-1 二维数组 a

a[0][0]	a[0][1]	a[0][2]
a[1][0]	a[1][1]	a[1][2]

注意:在使用运算符new来分配内存时,对于多维数组,至少要给出最高维的大小。

如果在程序中出现int a2[ ][ ] = new int[ ][ ],编译器将要提示如下错误:

Array dimension missing

4.2.2 二维数组的初始化

为数组分配完空间后,需要对数组进行初始化,可以直接为数组元素赋值来进行初始化,例如:

· 75 ·

```
int a[][]=new int[2][2];
a[0][0]=1;
a[0][1]=2;
a[1][0]=3;
a[1][1]=4;
```

也可以在数组声明的时候为数组初始化,上面的语句也可改成:

```
int a[][]={{1,2},{3,4}};
```

又例如:

```
int a[][]={{1},{2,3},{4,5,6}};//定义3行二维数组
```

4.2.3 二维数组的引用

对二维数组中每个元素,引用方式为:

```
数组名[index1][index2]
```

其中 index1、index2 为下标,可为整型常数或表达式。同样,每一维的下标都从 0 开始。

【例 4-3】初始化二维数组,输出数组长度和每个元素的值。

微课:二维数组实例

```
package chapter04
public class ArrayInit {
  public static void main(String args[]){
    int a[][]={{1,3},{-5},{3,5,7}};
    int i,j;
    System.out.println("二维数组a的长度为:"+a.length);
    for(i=0;i<a.length;i++){
      System.out.println("a["+i+"]的长度为:"+a[i].length);
      for(j=0;j<a[i].length;j++)
        System.out.print("a["+i+"]["+j+"]="+a[i][j]+"\t");
      System.out.println();
    }
  }
}
```

程序运行结果为:

```
二维数组 a 的长度为:3
a[0]的长度为:2
a[0][0]=1    a[0][1]=3
a[1]的长度为:1
a[1][0]=-5
a[2]的长度为:3
a[2][0]=3    a[2][1]=5    a[2][2]=7
```

【例4-4】二维数组的转置。

```java
package chapter04;
public class ArrayConvert {
    public static void main(String args[]){
        int a[][]={{1,2,3},{4,5,6},{7,8,9},{10,11,12}};
        int b[][]=new int[3][4];
        int i,j;
        System.out.println("数组 a 各元素的值为:");
        for(i=0;i<4;i++){
            for(j=0;j<3;j++)
                System.out.print(a[i][j]+"\t");
            System.out.println();
        }
        for(i=0;i<4;i++)
            for(j=0;j<3;j++)
                b[j][i]=a[i][j];
        System.out.println("数组 b 各元素的值为:");
        for(i=0;i<3;i++){
            for(j=0;j<4;j++)
                System.out.print(b[i][j]+"\t");
            System.out.println();
        }
    }
}
```

程序运行结果为:

```
数组 a 各元素的值为:
1    2    3
4    5    6
```

```
7   8   9
10  11  12
```
数组 b 各元素的值为：
```
1   4   7   10
2   5   8   11
3   6   9   12
```

4.2.4 数组的常用方法

Java 语言提供了一些对数组进行操作的类和方法，使用这些系统定义的类和方法，可以很方便地对数据进行操作。

微课：数组常用方法

1. System 类中的静态方法 arraycopy( )

系统类 System 中的静态方法 arraycopy( ) 可以用来复制数组，其格式为：

```
public static void arraycopy(Object src,int srcPos,Object dest,
int desPos,int length)
```

其中，src 为源数组名，srcPos 为源数组的起始位置，dest 为目标数组名，destPos 为目标数组的起始位置，length 为复制的长度。

【例 4-5】 使用 arraycopy( ) 方法复制数组。

```java
package chapter04;
public class UserArrayCopy {
  public static void main(String[] args){
    int a[] = {1,2,3,4,5,6,7};
    int b[] = new int[6];
    int i;
    System.arraycopy(a,1,b,2,3);
    for(i=0;i<b.length;i++){
      System.out.print("b["+i+"]"+"="+b[i]+"  ");
    }
  }
}
```

程序运行结果为：

```
b[0]=0  b[1]=0  b[2]=2  b[3]=3  b[4]=4  b[5]=0
```

2. Arrays 类中的方法

java.util.Arrays 类提供了一系列数组操作的方法，下面介绍最常用的两个：

(1) 判断数组相等方法 equals

equals 方法用于判断数组是否相等,其格式为:

```
public static boolean equals(数组1,数组2)
```

数组 1 和数组 2 必须是同类型的,只有当两个数组的元素个数相同且对应位置元素也相同时,才表示两个数组相同,返回 true;否则返回 false。

【例 4-6】使用 equals( )方法判断数组。

```java
package chapter04;
import java.util.*;
public class ArrayEquals {
public static void main(String[] args){
    int a[] = {2,4,5,7,9};
    int b[] = {2,4,6,8,9};
    if(Arrays.equals(a,b))
      System.out.println("两数组元素相同");
    else
      for(int i =0;i<a.length;i++){
        if(a[i]! =b[i])
        {
          System.out.println("a["+i+"] ="+a[i]);
          System.out.println("b["+i+"] ="+b[i]);
        }
      }
    }
}
```

程序运行结果为:

```
a[2] =5
b[2] =6
a[3] =7
b[3] =8
```

(2) 指定值分配方法 fill

fill 方法实现将指定值分配给数组中的每个元素,其格式为:

```
public static void fill(数组,值)
```

【例 4-7】使用 fill 完成指定值。

```
package chapter04;
import java.util.Arrays;
public class ArrayFill {
  public static void main(String[]args){
      int a[] = {60,74,85,87,79};
      Arrays.fill(a,70);
      for(int i = 0;i < a.length;i + +)
        System.out.println("修改后的数组元素为:" + a[i]);
      }
    }
```

程序运行结果为:

修改后的数组元素为:70
修改后的数组元素为:70
修改后的数组元素为:70
修改后的数组元素为:70
修改后的数组元素为:70

(3) 排序方法 sort

sort 方法实现对数组的递增排序,其格式为:

```
public static void sort(Object[]arrayname)
```

其中, arrayname 为要排序的数组名。

【例 4 - 8】 使用 sort 方法排序。

```
package chapter04;
import java.util.*;
class ArraySort{
public static void main(String args[]){
    int a[] = {7,5,2,6,3};
    Arrays.sort(a);
    for(int i = 0;i < a.length;i + +)
        System.out.print(a[i] + "");
    }
}
```

程序运行结果为:

```
2 3 5 6 7
```

sort 方法存在重载，其格式为：

```
public static void sort(Object[] arrayname,int fromindex,int toindex)
```

其中，fromindex 和 toindex 为进行排序的起始位置和结束位置。注意，排序范围为 fromindex 到 toindex - 1。

例如，上面例题中的

```
Arrays.sort(a);
```

改为：

```
Arrays.sort(a,0,5);
```

（4）查找方法 binarySearch

该方法的作用是对已排序的数组进行二分查找，其格式为：

```
public static int binarySearch(Object[] a,Objct key)
```

其中，a 为已排好序的数组，key 为要查找的数据。如果找到，该方法的返回值为该元素在数组中的位置；如没有找到，该方法返回一个负数。

【例 4 - 9】使用 binarySearch 方法排序。

```
package chapter04;
import java.util.*;
public class ArraySearch{
   public static void main(String args[]){
       int a[]={2,4,5,7,9};
       int key,pos;
       key=5;
       pos=Arrays.binarySearch(a,key);
       if(pos<0)
           System.out.println("元素"+key+"在数组中不存在");
       else
           System.out.println("元素"+key+"在数组中的位置为"+pos);
   }
}
```

程序运行结果为:

元素 5 在数组中的位置为 2

4.3 字符串

字符串是编程中经常使用到的数据结构,它是一个字符序列,可以包含字母、数字和其他符号。Java 提供了两个字符串类 String 类和 StringBuffer 类,并封装了字符串的全部操作。其中,String 用于处理创建后不再改变的字符串,即字符串常量,StringBuffer 用来处理可变字符串。

4.3.1 String 类

1. String 对象的初始化

String 是比较特殊的数据类型,它不属于基本数据类型,但是可以和基本数据类型一样直接赋值,也可以使用 new 运算符进行实例化。

```
String s1 = "abc";
String s2 = new String("abc");
```

微课:字符串

注意:字符串常量与字符常量不同。字符常量是用单引号括起的单个字符,例如'a' '\n'等;而字符串常量是用双引号括起的字符序列,例如 "a" "Hello" 等。

2. String 类的常用方法

String 类有很多方法,使用这些方法完成获取字符串长度、字符串比较、字符串连接、字符串截取等操作。String 类的常用方法如下:

(1) 字符串的长度

调用 length() 方法获得字符串的长度,格式为:

```
字符串名.length()
```

例如:

```
String str = "Hello!";
System.out.println(str.length());        //字符串长度为 6
```

(2) 字符串比较

在比较数字时,常用运算符 "==" 来比较是否相等,但是对于字符串来说,"==" 只能判断两个字符串是否为同一个对象(两个对象在内存中存储的地址是否一样),不能判断两个字符串所包含的内容是否相同。

1）boolean equals(String str)：比较当前字符串内容是否与参数字符串 str 相同；

2）Boolean equalsIgnoreCase(String str)：与 equals()方法相同，并在比较时忽略字符大小写；

3）int compareTo(String str)：按字典顺序与参数指定的字符串比较大小，如果两个字符串相同，则返回 0；如果当前字符串对象大于参数字符串，则返回正值，小于则返回负值，返回值为比较的两个字符串从其到第一对不相同字符间的差距；

4）int compareToIgnoreCase(String str)：与 CompareTo()方法相同，并在比较时忽略字符大小写。

```
String str1 = "team";
String str2 = "dream";
System.out.println(str1.equals(str2));                       //false
System.out.println(str1.equalsIgnoreCase("TEAM"));           //true
System.out.println(str1.compareTo(str2));                    //16
System.out.println(str1.compareToIgnoreCase(str2));          //16
```

（3）字符串连接

1）用字符串连接操作符"＋"将两个字符串连接起来的格式为：

字符串 1 + 字符串 2

例如：

```
String str1 = "Welcome to";
String str2 = str1 + "Java";    //str2 的值为"Welcome to Java"
```

2）用 concat()方法连接两个字符串的格式为：

字符串 1.concat(字符串 2)

该方法的作用是将参数中的字符串 2 连接到字符串 1 的后面，而字符串 1 不变。

例如：

```
String  str1 = "Hello!";
System.out.println(str1.concat("World!"));    //Hello! World!
System.out.println(str1);                     //  Hello!
```

（4）字符串截取

1）public String substring(int beginIndex)：截取当前字符串中从 beginIndex 处开始直到最后的子串。

2）public String substring(int beginIndex, int endIndex)：截取从 beginIndex 位置起至 endIndex − 1 结束的子串。子串返回的长度为 endIndex − beginIndex。

```
String str = "HelloJavaWorld!";
System.out.print(str.substring(5));          //JavaWorld!
System.out.print(str.substring(5,9));        //Java
```

(5) 字符串查询

1) public int indexOf(String str)：返回子串 str 在当前字符串中首次出现的位置，若没有查找到字符串 str，则该方法返回值为 -1；

2) public int lastIndexOf(String str)：返回子串 str 在当前字符串中最后出现的位置，若没有查找到字符串 str，则该方法返回值为 -1。

```
String str = "HelloJavaWorld!";
System.out.println(str.indexOf("a"));        //值为 6
System.out.println(str.lastIndexOf("a"));    //值为 8
```

(6) 字符串大小写转换

1) public String toLowerCase()：将字符串中全部字符转换成小写；

2) public String toUpperCase()：将字符串中全部字符转换成大写。

```
String str1 = "java";
String str2 = "JSP";
String strUp = str1.toUpperCase();
String strLow = str2.toLowerCase();
System.out.println(strUp);           //值为 JAVA
System.out.println(strLow);          //值为 jsp
```

3) public boolean contains (string s)：返回一个字符串是否存在。

(7) 返回指定位置的字符

public char charAt(int index)：返回字符串中 index 位置上的字符，index 值的范围是 0 ~ length -1。

```
String str = "12345678";
System.out.println(str.charAt(4));           //5
```

(8) 字符串的开始与结尾

1) public boolean startsWith(String prefix)：判断字符串是否以某个字符串作为开始，如果是，则返回 true。例如：

```
String s = "TestGame";
boolean b = s.startsWith("Test");       //true
```

2) public Boolean endsWith(String suffix)：判断字符串是否以某个字符串结尾，如果以对应的字符串结尾，则返回 true。例如：

```
String s = "student.doc";
boolean b = s.endsWith("doc");      //true
```

(9) 替换指定字符串

1) public String replace(char c1, char c2)：用 c2 替换字符串中所有指定的字符 c1，然后生成一个新的字符串，原字符串不发生改变。

```
String s = "abcat";
String s1 = s.replace('a','1');      //1bc1t
```

2) public String replaceAll(String s1, String s2)：将字符串中某个指定的字符串 s1 替换为其他字符串 s2，原字符串不发生改变。

```
String s = "abatbac";
String s1 = s.replaceFirst("ba","12");     //a12t12c
```

3) public String replaceFirst(String s1, String s2)：将字符串中某个第一次出现的指定字符串 s1 替换为其他字符串 s2，原字符串不发生改变。

```
String s = "abatbac";
String s1 = s.replace("ba","12");     //a12tbac
```

(10) 去掉字符串首尾空格

public String trim()：去掉字符串开始和结尾的所有空格，形成一个新的字符串。该方法不去掉字符串中间的空格。

```
String s = "  abc abc 123  ";
String s1 = s.trim();      //abc abc 123
```

(11) 类型转换

public static String valueOf()：将其他数据类型转换为字符串类型。

```
int n = 10;
String s2 = String.valueOf(n);     //10
```

4.3.2 StringBuffer 类

Java 中提供了 java.lang 包中的 StringBuffer 类，用于创建和操作动态字符串。该类对象的值可变，分配的内存可自动扩展。

微课：StringBuffer 类

1. 创建 StringBuffer 类的对象

使用 new 运算符创建 StringBuffer 类的对象，其语法格式如下：

```
StringBuffer()//创建一个空字符串对象,初始容量是16个字符
StringBuffer(int capcity)//创建一个长度为capcity的空字符串对象
StringBuffer(String s)//创建一个内容为s的字符串对象
```

2. StringBuffer 类的常用方法

StringBuffer 类的常用方法如下:

(1) 字符追加

方法名:StringBuffer append(String str)

功能:将指定字符串 str 连接到 StringBuffer 对象的内容后面,并返回连接后的 StringBuffer 对象。

(2) 插入字符

方法名:StringBuffer insert(int index,String str)

功能:将指定字符串 str 插入 StringBuffer 对象的 index 索引处。

(3) 删除字符

方法名:StringBuffer delete(int start,int end)

功能:删除该 StringBuffer 对象从 start 索引处开始到 end -1 索引处结束的字符内容。

(4) 反转字符

方法名:StringBuffer reverse()

功能:反转该 StringBuffer 对象的字符串值。

【例 4-10】 StringBuffer 的使用。

```java
package chapter04;
public class StringBufferDemo{
  public static void main(String[]args){
    StringBuffer strb1 = new StringBuffer("Java");
    String str1 = "_script";
    strb1.append(str1);            //Java_script
    System.out.println(strb1);
    StringBuffer strb2 = new StringBuffer("How you?");
    String str2 = "are";
    strb2.insert(4,str2);          //How are you?
    System.out.println(strb2);
    StringBuffer strb3 = new StringBuffer("Who are them you?");
    strb3.delete(8,13);            //Who are you?
    System.out.println(strb3);
    StringBuffer strb4 = new StringBuffer("I am OK");
    strb4.reverse();               //KO ma I
    System.out.println(strb4);
```

```
        StringBuffer strb5 = new StringBuffer("welcome to Java");
        strb5.toString();          //welcome to Java
        System.out.println(strb5);
    }
}
```

程序运行结果为：

```
Java_script
How are you?
Who are you?
KO ma I
welcome to Java
```

4.3.3 StringTokenizer 类

程序从外界读取数据时，读入的数据往往是一个长串，需要把长串的数据分界开来。如给多人发送电子邮件，邮件的接收人地址形如 person1@163.com、person2@163.com、person3@163.com，利用 StringTokenizer 类可以方便地去除每一个邮件地址的值。

StringTokenizer 类放在 java.util 包中，需要用 import 关键字。StringTokenizer 类默认会用 5 个符号当作字符串的分解符号，这 5 个符号分别是空格、定位（Tab，\t）、换行（\n）、回车（\r）和进纸（\f）。

1. StringTokenizer 类的初始化

StringTokenizer 类有下面两个常用的构造方法。

①StringTokenizer(String s)：用于为字符串 s 构造一个分析器。

②StringTokenizer(String s, String delim)：用于为字符串 s 构造一个分析器，参数 delim 中的字符被作为分隔符。

2. StringTokenizer 类的常用方法

StringTokenizer 类的常用方法有如下几个：

①countTokens()：返回 StringTokenizer 类包含的元素个数。

②hasMoreElements()：判断是否还有更多元素。

③hasMoreTokens()：判断是否还有更多元素。

④nextElement()：返回 StringTokenizer 类的下一个元素（对象）。

⑤nextToken()：返回 StringTokenizer 类的下一个字符串。

通常把 StringTokenizer 对象作为一个字符串分析器，一个分析器可以使用 nextToken() 方法逐个获取字符串中的语言符号。每当调用 nextToken() 时，都将在字符串中获得下一个语言符号，每获得一个语言符号，字符串分析器中负责计数的变量值自动减 1，该计数变量的初始值等于字符串中的单词数目。

【例 4 – 11】 StringToken 的使用。

```java
    package chapter04;
import java.util.*;
public class StringTokenDemo {
  public static void main(String[] args){
    /*StringTokenizer fenxi = new StringTokenizer("we are stud,ents");*/
    //使用空格做分隔符
    String str = "we are stud,ents";
    StringTokenizer fenxi = new StringTokenizer(str,",");
    //使用逗号做分隔符
    int count = fenxi.countTokens();
    while(fenxi.hasMoreElements()){
        String s = fenxi.nextToken();
        System.out.println(s);
    }
    System.out.println("共有单词:"+count+"个。");
  }
}
```

程序运行结果为：

```
we are stud
ents
共有单词:2个。
```

4.3.4　main( )方法的参数

每个 Java 应用程序中都必须包含"public static void main（String args[ ]）"主方法。main( )方法中有一个 String 类型的数组参数 args，用来接收 Java 命令行传送给 Java 应用程序的数据。args 数组中元素的个数就是命令行中给类传递的参数的个数，每个参数直接用空格分开，这些参数称为命令行参数。

在 Eclipse 中运行带命令参数的程序时，在程序中单击右键，在弹出的快捷菜单中选择 "Run As – Open Run Dialog"，然后在图 4 – 1 所示的运行界面选择 "Arguments" 选项卡，在 "Program arguments" 中填写参数 "Welcome to Java!"，参数中间用一个空格或者回车间隔开，再单击 "Run" 按钮即可。

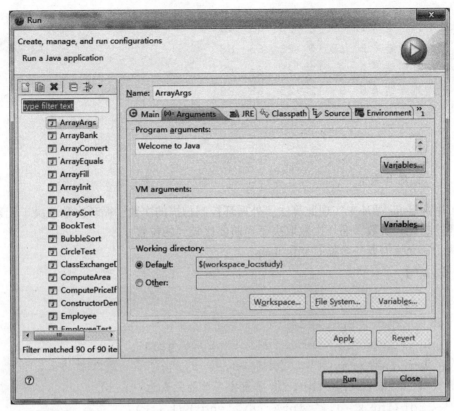

图 4-1 Arguments 窗口界面

4.4 案例分析

利用本章所学的一维数组等知识点完成一个具有一定功能的综合实例。

4.4.1 案例情景——冒泡排序

冒泡排序的流程是从数列第一个元素开始,扫描待排序的所有元素,在扫描过程中对相邻元素进行比较,若从小到大排序,则将较大元素后移,若从大到小排序,则将较小元素后移。每经过一轮排序,最大(或最小)元素移到末尾,此时记下该元素位置,下一轮排序只需要比较到此位置。重复此过程直到比较最后两个元素。

微课:冒泡排序

4.4.2 运行结果

数组排序前的元素为:

```
12   25   88   9   63   6
第 5 趟排序结果12   25   9   63   6   88
```

第4趟排序结果12　9　25　6　63　88
第3趟排序结果9　12　6　25　63　88
第2趟排序结果9　6　12　25　63　88
第1趟排序结果6　9　12　25　63　88
数组排序后的结果为：
6　9　12　25　63　88

4.4.3　实现方案

①可用两层for循环来实现此算法：外循环控制扫描的次数，循环次数取决于元素个数；内层循环控制比较次数，循环次数取决于当前要比较到的位置。

②两元素交换需要一个临时变量temp。

【参考程序】

```java
package chapter04;
public class BubbleSort{
    public static void main(String[]args){
        int intArray[] = {12,25,88,9,63,6};          //初始化数组
        System.out.println("数组排序前的元素为:");
        for(int k=0;k<intArray.length;k++){
        //显示排序前数组
            System.out.print(intArray[k]+"");
        }
        System.out.println();
        for(int i=intArray.length-1;i>0;i--){        //排序的趟数
            for(int j=0;j<i;j++){                    //交换的循环次数
                if(intArray[j]>intArray[j+1]){       //由小到大排序
                    int temp;
                    temp=intArray[j];
                    intArray[j]=intArray[j+1];
                    intArray[j+1]=temp;
                }
            }
            System.out.print("第"+i+"趟排序结果");
            for(int j=0;j<=intArray.length-1;j++)
            //显示每一趟排序结果
                System.out.print(intArray[j]+"");
            System.out.println();
```

```
        }
        System.out.println("数组排序后的结果为:");
        for(int k=0;k<intArray.length;k++){
        //显示排序后数组
            System.out.print(intArray[k]+"");
        }
    }
}
```

4.5 任务训练——数组与字符串的使用

4.5.1 训练目的

(1) 掌握一维数组的使用;
(2) 掌握二维数组的使用;
(3) 掌握字符串的使用。

4.5.2 训练内容

1. 完成对正文中各段代码程序效果的演示。
2. 完成思考与练习中程序的编写与调试。
3. 现有一按照由大到小排列的数组 {85,63,49,22,10},请将键盘输入的数 76 插入其中,使它们仍然按照由大到小的顺序排列。

【程序效果】

```
原数组:85    63    49    22    10    0
请输入要插入的数:76
插入 x 后的数组:85    76    63    49    22    10
```

【解题思路】
(1) 从键盘输入数,需要用 Scanner 类完成;
(2) 查找所插入数在数组中的位置。

【参考程序】

```
    package chapter04;
    import java.util.Scanner;
    public class InsertIntoArray{
    public static void main(String[] args){
```

```
            int  arrayBtoS = new int[6];
            arrayBtoS[0] = 85;
            arrayBtoS[1] = 63;
            arrayBtoS[2] = 49;
            arrayBtoS[3] = 22;
            arrayBtoS[4] = 10;
            System.out.print("原数组:");
            for(int i = 0;i < arrayBtoS.length;i + +){
                                                        //显示插入前数组
                System.out.print(arrayBtoS[i] + "");
            }
            System.out.println();
            System.out.print("请输入要插入的数:");
            Scanner input = new Scanner(System.in);
            int x = input.nextInt();
            int i;
            for(i = 0;i < arrayBtoS.length -1;i + +){
            //查找插入数的所在位置号
                if(arrayBtoS[i] < = x)
                    break;
            }
            for(int j = arrayBtoS.length -1;j > i;j - -)//数据往后移
                arrayBtoS[j] = arrayBtoS[j -1];
            arrayBtoS[i] = x;
            System.out.print("插入" + "x" + "后的数组:");
            for(i = 0;i < arrayBtoS.length;i + +){        //显示插入后数组
                System.out.print(arrayBtoS[i] + "");
            }
        }
    }
```

4. 打印杨辉三角形。杨辉三角形的特点为:

(1) 每行的元素个数等于该行的行号,即第 n 行有 n 个元素。

(2) 第 1 行只有一个元素 1,从第 2 行开始每行的第一列和最后一个元素为 1,每行的第 n 个元素是上一行第 n –1 个元素和第 n 个元素的和。

【程序效果】

```
1 0 0 0
1 1 0 0
1 2 1 0
1 3 3 1
```

【解题思路】

(1) 杨辉三角形涉及行与列,用二维数组实现;

(2) 根据杨辉三角形的特点,用双重循环实现赋值。

【参考程序】

```java
package chapter04;
public class Yanghui {
    public static void main(String[] args){
        int yh[][] = new int[4][4];
        yh[0][0] = 1;
        yh[1][0] = 1;
        yh[1][1] = 1;
        for(int i = 2; i < yh.length; i++){
            yh[i][0] = 1;
            yh[i][i] = 1;
            for(int j = 1; j < yh[i].length; j++)
                yh[i][j] = yh[i-1][j] + yh[i-1][j-1];
        }
        for(int i = 0; i < yh.length; i++){
            for(int j = 0; j < yh[i].length; j++)
                System.out.print(yh[i][j] + " ");
            System.out.println();
        }
    }
}
```

5. 录入用户的 18 位身份证号,从中提取用户的生日。

【程序效果】

请输入用户的身份证号码:510211198510128056
该用户生日是:1985 年 10 月 12 日

【解题思路】

(1) 18 位身份证号设置成 String 类,用 Scanner 完成输入;

(2) 利用 substring( ) 方法完成子串的提取,获得出生年、月和日。

【参考程序】

```java
package chapter04;
import java.util.Scanner;
public class GetBirthday{
    public static void main(String[] args){
        System.out.print("请输入用户的身份证号码:");
        Scanner input = new Scanner(System.in);
        String id = input.next();
        String year,month,day;
        if(id.length()!=18)              //有效身份证号码为18位
            System.out.println("\n身份证号码无效!");
        else{
            year = id.substring(6,10);   //提取年
            month = id.substring(10,12); //提取月
            day = id.substring(12,14);   //提取日
            System.out.println("\n该用户生日是:" + year + "年" + month + "月" + day + "日");
        }
    }
}
```

4.6 知识拓展

1. 问：程序中定义了数组，编译也没有出错，为什么运行时却出现了错误信息？

答：出现这个错误是因为数组索引越界异常。当数组的索引值为负数或大于等于数组长度时就会出现此错误。因此，调用数组时，要认真检查数组下标是否越界，最好查看一下数组的length。

2. 问：程序运行时，为什么出现了java.lang.NullPointerException错误信息？

答：程序出现空指针，是因为调用了未经初始化的对象或者对象不存在。数组的初始化是为数组分配需要的空间，初始化后的数组依然是空的，因此需要对每个元素进行初始化。

思考与练习

一、选择题

1. 下列数组的初始化正确的是（　　）。

A. int[] score = new int[5];

B. int[ ] score = new int[5]{1, 2, 3, 4, 5}
C. int[5] score = new int[ ]{1, 2, 3, 4, 5}
D. int score = {1, 2, 3, 4, 5}

2. 下列关于数组的说法，错误的是（　　）。
A. 在类中声明一个整型数组作为成员变量，如果没有给它赋值，数组元素值为空
B. 数组中的各元素在内存中是连续存放的
C. 数组必须先声明，然后才能使用
D. 数组本身是一个对象

3. 下面说法正确的是（　　）。
A. 调用 String 对象的 length( )属性可获得字符串长度
B. 调用 String 对象的 length 属性可获得字符串长度
C. 调用数组变量的 length( )方法可获得数组长度
D. 调用数组变量的 length 属性可获得数组长度

4. 定义一个数组 String [ ] a = {"ab","abc","abcd","abcde"}，数组中的 a[3] 指的是（　　）。
A. ab　　　　　B. abc　　　　　C. abcd　　　　　D. abcde

5. 下面代码片段创建（　　）个对象。
```
int a = 10;
String b = "abc";
String c = new String ("abc");
MyTest test = new MyTest();
```
A. 4　　　　　B. 3　　　　　C. 2　　　　　D. 1

二、编程题

1. 编写一个 Java Application 程序，把 100 以内的所有偶数依次赋给数组中的元素，并向控制台输出各元素。

2. 小明要去买一部手机，他询问了 4 家店的价格，分别是 2 800、2 900、2 750 和 3 100 元，编写程序输出最低价。

3. 现有一按照由大到小排列的数组 {85, 63, 49, 22, 10}，请将 80（数据从控制台完成输入）插入其中，使它们仍然按照由大到小的顺序排列。

4. 随机输入一个姓名，然后分别输出姓和名。

5. 编写一程序，输入 5 种水果的英文名称（葡萄 grape、橘子 orange、香蕉 banana、苹果 apple、桃 peach），并按字典里出现的先后顺序将其输出。

6. 某公司对固定资产进行编号：购买年份（如 2010 年 3 月购买，则购买年份的编号为 201003）＋产品类型（设 1 为台式机、2 为笔记本、3 为其他，统一采用两位数字表示，数字前面加 0）＋3 位随机数。请编程自动生成公司固定资产产品编号。

第5章
面向对象程序设计

【知识点】面向对象的基本概念；类的声明、方法的声明和访问权限；类的继承、多态、接口的使用。

【能力点】掌握面向对象的基本概念，类、方法的声明以及访问，类的继承、多态的实现，接口的使用。

【学习导航】

面向对象的程序设计（OOP）的重要概念将在本章开启，希望能帮助读者为后续的学习奠定基础。本章内容在 Java 程序开发能力进阶必备中的位置如图 5-0 所示。

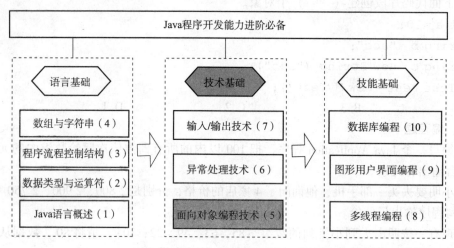

图 5-0　本章内容在 Java 程序开发能力进阶必备中的位置

客观世界是由各种各样的事物（即对象）组成的，每个事物都有自己的静态特性和动态行为，不同事物间的相互联系和相互作用构成两个不同的系统，进而构成了整个客观世界。借助 Java 语言可以把客观世界中的事物转换成计算机可以识别的事物，本章将开启面向对象内容的讲授。

5.1　面向对象概述

面向对象程序设计（Object Oriented Programming，OOP）是目前软件开发的主流方法。

在解决问题过程中，需要采用面向对象的分析与设计方法，类是使用 OOP 解决问题的基础，Java 语言是面向对象程序设计语言的显著代表。

5.1.1 面向对象基本概念

微课：面向对象基本概念

1. 面向过程与面向对象

面向过程（Procedure Oriented）就是分析出解决问题所需要的步骤，然后用函数把这些步骤一步一步实现，使用的时候依次调用相应函数。

面向对象（Object Oriented）是把构成问题的事物分解成各个对象，建立对象的目的不是为了完成一个步骤，而是为了描述某个事物在整个解决问题的步骤中的行为。

2. 对象（Object）

对象是现实世界中某个具体的物理实体在计算机逻辑中的映射和体现，它是由描述该对象的数据以及可以对这些数据施加的所有操作封装在一起构成的统一体。

对象名：区别于其他对象的标志。

对象属性：表示对象所处的状态。

对象操作：用来改变对象的状态从而达到特定的功能。

> **提醒**：实体是客观世界中存在的且可相互区分的事物，可以是人也可以是物，可以是具体事物也可是抽象事物。职工、学生、课程、教师、部门等都是实体，它既有静态的属性，又具有动态的行为。

3. 类（Class）

类是对具有相同属性和行为的一个或多个对象的描述，是一种抽象的数据类型，是具有一定共性的对象的抽象。

> **提醒**：实例是由某个特定的类所描述的一个具体的对象。类是建立对象时使用的"模板"，按照这个样板建立的一个个具体的对象，就是类的一个实际的例子。

举例说明：屏幕上有 3 个大小、颜色、位置各异的圆，可以对它们进行的操作有显示、放大或缩小半径、移动位置等。

4. 消息（Message）

消息机制是对象之间进行通信的一种机制，以实现对象之间的相互通信。消息是指一个对象为执行某项特定操作而向另一个对象发送的请求。

5. 实体、对象、类之间的关系

实体、对象、类存在于不同的世界。通常现实世界中的实体通过大脑的思维后可形成概念世界的抽象数据类，将此抽象数据类用面向对象的语言（如 Java）描述，即可转换成计算机世界中的类，从而完成类到对象的实例化过程，最终完成现实世界中的实体与计算机中的对象之间的映射关系。实体、对象、类在三个世界中的转换如图 5-1 所示。

5.1.2 面向对象的基本特征

一般认为，面向对象的基本特征主要包括抽象、封装、继承和多态。

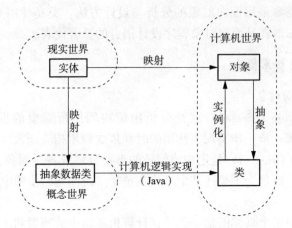

图 5-1 实体、对象、类在三个世界的转换

1. 抽象

抽象就是忽略一个主题中与当前目标无关的那些方面,以便更充分地注意与当前目标有关的方面。抽象并不打算了解全部问题,而只是选择其中的一部分,并且暂时不考虑细节。比如,要设计一个学生成绩管理系统,考察学生这个对象时,只需要关心他的班级、学号、成绩等,而不用去关心他的身高、体重这些信息。抽象包括两个方面:一是过程抽象,二是数据抽象。过程抽象是指任何一个明确定义功能的操作都可被使用者当作单个的实体看待,尽管这个操作实际上可能由一系列更低级的操作来完成。数据抽象定义了数据类型和施加于该类型对象上的操作,并限定对象的值只能通过使用这些操作来进行修改和观察。

2. 封装

封装是面向对象的特征之一,是对象和类概念的主要特性。封装是把过程和数据包围起来,通过已定义的界面对数据进行访问。类的设计者需要考虑如何定义类的属性和方法,如何设置其访问权限等;而类的使用者只需知道类有哪些功能,可以访问哪些属性和方法。只要使用者使用的界面不变,即使类的内部实现细节发生变化,使用者的代码页也不需要改变,因此封装增强了程序的可维护性。在 Java 中,通过 private 关键字限制对类的成员变量或成员方法的访问来完成封装。

3. 继承

继承是一种连接类的层次模型,它允许和鼓励类的重用,并且提供了一种明确表述共性的方法。对象的一个新类可以从现有的类中派生,这个过程称为类的继承。新类继承了原始类的特性,则新类称为原始类的派生类(子类),而原始类称为新类的基类(父类)。派生类可以从它的基类那里继承方法和实例变量,并且可以通过修改或增加新的方法使自身更适合特殊的需要,这也体现了大自然中一般与特殊的关系。继承性很好地解决了软件的可重用性问题。例如:所有的 Windows 应用程序都有一个窗口,它们都可以看作是从一个窗口类派生出来的;但是有的应用程序用于文字处理,有的应用程序用于绘图,这是由于派生出的不同的子类添加了不同的特性。

4. 多态性

多态性是指允许不同类的对象对同一消息做出响应。比如,用同样的加法把两个时间加在一起和把两个整数加在一起,结果肯定完全不同。例如:同样的选择、编辑和粘贴操作,在字处理程序和绘图程序中有不同的效果。多态性语言具有灵活、抽象、行为共享、代码共享的优势,很好地解决了应用程序函数同名的问题,使得同一方法作用于不同对象,从而执行不同的代码,得到不同的结果。

面向对象程序设计具有许多优点:

①开发时间短、效率高、可靠性高,所开发的程序更具有健壮性。由于面向对象编程具有可重用性,可以在应用程序中大量采用成熟的类库,因此缩短了开发时间。

②应用程序更易于维护、更新和升级。继承和封装使得应用程序的修改带来的影响更加局部化。

5.2 类

类是现实世界中实体的抽象集合,是封装了数据和其上操作的复杂的抽象数据类型,具有完整的功能和相对的独立性。

5.2.1 定义类

在 Java 语言中,类的定义包括类头和类体两部分内容,其一般格式如下:

微课:定义类

```
[修饰符]class 类名[extends 父类][implements 接口名]
{   类成员变量声明;           //类的静态属性
    类方法声明;               //类的服务或成员函数或方法
}
```

1. 定义类头

①父类名——跟在关键字 extends 后,表示当前类是已经存在的一个类(在类库、同一个程序或其他程序中定义好)的子类。

②接口名——跟在关键字 implements 后,说明当前类中实现了哪个接口定义的功能和方法。

③修饰符——说明类的特殊性质,主类必须是公共类。public 修饰一个类为公共类,说明它可以被其他的类所引用和使用。类声明中的关键字及其含义详见表 5-1。

表 5-1 类声明中的关键字及其含义

序号	关键字	含义	说明
1	public	被声明为 public 的类称为公共类,它可以被其他包中的类引用,否则只能在定义它的包中使用	在一个 Java 源文件中,最多只能有一个 public 类,不允许同时包含多个 public 类或接口

续表

序号	关键字	含义	说明
2	abstract	将类声明为抽象类,抽象类中只有方法的声明,没有方法的实现	包含抽象方法的类为抽象类,抽象方法在抽象类中不做具体实现,具体实现由子类完成
3	final	最终类,不能被其他类所继承,没有子类	一个类不能同时既是抽象类又是最终类,即 abstract 和 final 不能同时出现
4	class	定义类的关键字	每个字母只能小写
5	extends	后接父类名,所定义类继承于指定父类	只能指定一个父类,Java 支持单重继承,默认继承 java.lang.Object 类
6	implements	后接接口名,所定义的类将实现接口名表中只指定的所有接口	可跟多个接口,实现多重继承

2. 类体

类体定义类的具体内容,包括类的属性与方法。

(1) 类的属性

描述了该类内部的信息,又称为静态属性,可以是简单变量,也可以是对象、数组等其他复杂数据结构。

```
［修饰符］ 变量类型  变量名[＝变量初值]
［修饰符］ 类名  对象名[＝new 类名(实际参数列表)]
```

(2) 类方法

类方法即成员函数,它规定类属性上的操作,实现类的内部功能机制,同时它也是类与外界进行交互的重要窗口,其定义格式如下:

```
［修饰符］ 返回值类型  方法名 (参数列表)[throws 异常名称]
{     局部变量声明;
      语句序列;
}
```

类的方法的作用:

①围绕着类的属性进行各种操作;

②与其他类或对象进行数据交流、消息传递等操作。

【例 5-1】定义一个学生类。

```java
package chapter05;
public class StudentDemo {              //定义主类
    public static void main(String[] args){
        Student stu = new Student();            //创建学生类对象
        stu.setInfo("王华",true,19,45.5);            //调用对象方法传递参数
        stu.getInfo();          //调用对象方法显示输出
    }
}
class Student               //学生类
{
    public static int iCounter = 0;             //保存学生总人数
    String stuName;         //学生姓名
    boolean Sex;            //学生性别
    int Age;            //学生年龄
    double stuHeight;           //学生身高
    public static void getCounter(){
        System.out.println("学生总数:" + ++iCounter);
    }
    public void getInfo(){
        System.out.println("姓名:" + stuName + "\t");
        if(Sex == false)
        System.out.println("性别:" + "女" + "\t");
        else
        System.out.println("性别:" + "男" + "\t");
        System.out.println("年龄:" + Age + "岁" + "\t");
        System.out.println("体重:" + stuHeight + "千克" + "\t");
    }
    public void setInfo(String n,boolean s,int a,double h){
        stuName = n;
        Sex = s;
        Age = a;
        stuHeight = h;
    }
}
```

程序运行结果为:

姓名:王华

性别:男

年龄:19 岁
体重:45.5 千克

5.2.2 成员变量

1. 成员变量的分类

成员变量描述了类的静态属性，类的静态属性包括两部分：类的特性和对象的特性。相应的 Java 成员变量也分为两种：类变量和实例变量。实例变量和类变量的作用域为类。

微课：成员变量

类变量：描述该类的静态属性，被该类所有的对象共享。当类变量的值发生变化时，所有对象都将使用改变后的值。例 5-1 中的 iCounter 就是一个类变量，用来记录学生总人数。

实例变量：与具体对象有关，记录了对象的状态和特征值，使得每个对象具有各自的特点，便于区分。例 5-1 中的 stuName、Sex 和 Age 都是实例变量，用来描述不同学生的姓名、性别和年龄。

> **提醒**：局部变量是指定义在语句块或方法内的变量。局部变量仅在定义该变量的语句块或方法内起作用，而且要先经过定义赋值才能使用。若某局部变量与类的实例变量或类变量相同，则该实例变量或类变量在方法中暂时被"屏蔽"起来，不起作用，只有同名的局部变量起作用；只有退出这个方法后，实例变量和类变量才起作用，此时局部变量不可见。

2. 成员变量的使用

类的成员变量的定义的一般格式如下：

[修饰符]　变量类型　变量名[=变量初值]；

● 成员变量声明语句中修饰符的具体含义如下。

final：表示该变量是最终变量。声明为 final 的变量，必须在被声明时包含一个初始化语句来对其赋值。final 修饰符常常用来声明常量，在定义常量时，标识符所有字母一般均用大写。

transient：表示将实例变量声明为持久对象的特殊部分。

static：表示定义的是类变量，反之是实例变量。

volatile：表示是并发控制的异步变量。每次在使用 volatile 类型的变量时，都要将它从存储器中重新装载并在使用后存回存储器中。

● 变量类型可以是 Java 中任意的数据类型，可以是基本数据类型，也可以是类、接口、数组等复合类型。

● 变量名必须是合法的 Java 标识符，因为成员变量是唯一的，所以在一个类中变量名不可重名。

● 变量初值是在定义变量时，通过赋初值完成，也可以通过编写方法完成，或者使用构造方法完成创建对象的初始化工作。

【例 5-2】局部变量、实例变量和类变量的应用。

```java
package chapter05;
class variables{
    static int x=10;          //类变量
    int y=20;                 //实例变量
    void fun()
    {
        System.out.println("x="+x);
        System.out.println("y="+y);
        int x=100;            //局部变量,与类变量同名
        int y=200;            //局部变量,与实例变量同名
        int z=300;            //局部变量
        System.out.println("x="+x);
        System.out.println("y="+y);
        System.out.println("z="+z);
    }
}
public class varArea {
    public static void main(String[] args){
        variables var=new variables();
        var.fun();
    }
}
```

程序运行结果为:

```
x=10
y=20
x=100
y=200
z=300
```

5.2.3 成员方法

Java 语言中的功能模块称为方法,类似于其他语言中的函数。方法是作用于对象或类上的操作,而成员方法描述了对象所具有的功能或操作,反映了对象的行为,是具有某种独立功能的程序模块。一个类或对象可以具有多个成员方法,对象通过执行它的成员方法对传来的消息做出响应,完成特定的功能。

微课:成员方法

从成员方法的来源看,可以将其分为类库成员方法和用户自定义的成员方法。

①类库成员方法:由 Java 类库提供,编程人员只需按照相应的调用格式去使用这些成员方法即可。Java 类库提供了丰富的类和方法,可以完成常见的算术运算、字符串运算、输入/输出处理等操作。

②用户自定义的成员方法:用户根据实际问题需要编写,并定义方法头和方法体。

类的成员方法的基本格式如下:

[修饰符] 返回值类型 方法名(参数列表)[throws 异常名称]
{   局部变量声明;
    语句序列;
}

1. 方法头

方法头的格式为:

[修饰符] 返回值类型 方法名(参数列表)[throws 异常名称]

● 修饰符:可为 private、public、protected 和 default。修饰符将在后续章节详细介绍。
● 返回值类型:无返回值时,为 void 类型;有返回值时,为 Java 中的数据类型。
● 方法名:调用此方法时使用,其命名方法遵守标示符命名规则。方法名是一个动词,如果由两个以上单词组成,第一个单词首字母小写,其后单词首字母大写,如 getDept( )。
● 参数列表:可以有参数,也可无参数,有参数时,多个参数之间用逗号隔开。
● 异常名称:参见第 6 章。

2. 方法体

方法所完成的操作包含在方法体中,方法体包含了所有合法的 Java 指令。方法体可以拥有自己的局部变量,可以引用类(或其父类)的成员变量和方法。

(1) 方法调用时的参数传递

方法声明中,参数列表中的参数称为形式参数。直到方法真正被调用时,形式参数才被变量或其他数据取代,而这些具体的变量或数据被称为实际参数。调用一个方法时,实际参数的类型与顺序要完全与形式参数相对应。方法的参数传递按照参数的类型分为传值调用与传引用调用两种。

微课:参数传递

● 传值调用:方法的参数类型为基本类型,不会改变所传实际参数的数值。
● 传引用调用:方法的参数类型为复合类型,复合类型变量中存储的是对象的引用,形式参数与实际参数为同一个数据(同一内存空间),对任何形式参数的改变都会影响到对应的实际参数。

【例 5-3】参数传值调用与传引用调用。

```
package chapter05
public class PassingParam {
    static class OneObject{
        public String X = "a";
```

```
}
static void changeParam(int Y,OneObject obj)
//Y 为传值调用,obj 为传引用调用
{
    Y = 10;
    obj.X = "b";
}
public static void main(String[]args){
    OneObject obj1 = new OneObject();
    int a = 9;
    System.out.println("Before:a = " + a + ",obj1.X = " + obj1.X);
    changeParam(a,obj1);
    System.out.println("After:a = " + a + ",obj1.X = " + obj1.X);
    }
}
```

程序运行结果为:

```
Before:a = 9,obj1.X = a
After:a = 9,obj1.X = b
```

(2) 方法的嵌套和递归调用

如果一个方法的方法体中调用了另外的方法,则称为该方法的嵌套调用。

【例 5-4】计算 1! + 2! + 3! + … + 10!。

微课:方法的嵌套与递归调用

```
package chapter05;
public class MethodNestDemo {
public static void main(String[] args){
    int i;
    int sum = 0;
    for(i = 1;i < = 10;i + +)          //1 到 10 阶乘求和
    {
        sum + = fact(i);
    }
    System.out.println("1! +2! +3! +...+10! = " + sum);
}
static int fact(int n)           //计算 1 到 10 每个数的阶乘
{
    int fac = 1;
```

```
    for(int i = n;i > 0;i - -)
        fac * = i;
    return fac;
    }
}
```

程序运行结果：

1！+2！+3！+…+10！= 4037913

如果一个方法在其方法体中直接地调用了自身，则称为直接递归方法；如果一个方法通过调用其他方法而间接地调用到自身，则称为间接递归方法。

【例5-5】用递归方法求 1+2+3+…+n。

```
package chapter07;
import javax.swing.*;
public class Sum{
static int sum(int n)
{
if(n < 1)          //递归结束条件
    return 0;
else
    return sum(n - 1) + n;        //递归公式
}
public static void main(String[] args){
    int n = 0,result;
    n = Integer.parseInt(JOptionPane.showInputDialog("请输入一个数:",new Integer(n)));
        result = sum(n);
        System.out.println("求和结果为:" + result);
}
}
```

程序运行结果为：

请输入一个数:100
求和结果为:5050

5.2.4 类的对象

在 Java 语言中，类只有实例化，即生成对象后才能被使用。一个对象的使用分为 3 个阶段：对象的创建、使用和销毁。

微课：对象与构造方法

1. 对象的声明和创建

创建对象的语法格式：

```
类名  对象名；        //声明对象
对象名=new 类名(参数);//创建对象
```

对象内存空间的分配并不由对象的声明完成，而是通过 new 运算符来完成。new 运算符使系统为对象分配内存空间，并且实例化一个对象。new 运算符调用类的构造方法，返回该对象的一个引用。它可以为一个类实例化多个不同的对象，这些对象暂放于不同的存储空间，改变其中的一个对象的属性值，不会影响其他对象的属性值。

在声明的同时也可以创建对象，如：

```
类名  对象名=new 类名(参数);//声明并创建对象
```

2. 对象的使用

对象的使用包括使用对象的成员变量和成员方法，通过运算符"."可以实现对成员变量的访问和对成员方法的调用。

访问对象的成员变量的格式为：

```
对象名.成员变量名;
```

对象名表示是一个已经存在的对象。

访问对象的成员方法的格式为：

```
对象名.成员方法名(参数列表);
```

创建简单数据类型的变量和创建某类的对象在根本思想上实际上是一致的：创建变量是以某一个数据类型为模板，这个数据类型上有哪些操作，新建的变量就可以做哪些操作；创建对象是以某个类为模板，所创建的对象具有这个类所定义的属性和方法。可见，相对于简单数据类型，类就是用户自己定义的复杂的抽象数据类型；而相对于简单变量，对象就是既包括数据又包括方法代码的复杂数据单位。创建变量与创建对象如图 5-2 所示。

3. 对象的销毁

Java 语言拥有一套完整的对象垃圾回收机制，即程序开发人员不需要手工地回收废弃的对象，垃圾回收器将回收无用对象所占用的内存资源。但是，这个垃圾回收器并不是万能的，它需要结合其他的对象回收方法，才能够最终解决对象回收的问题。在 Java 中，共有三种方法可以用来解决对象回收的问题。

（1）垃圾回收器

垃圾回收器是 Java 平台中使用最频繁的一种对象销毁方法。垃圾回收器会全程侦测 Java 应用程序的运行情况，当有些对象成为垃圾时（程序执行到对象的作用域之外或把对象的引用赋值为 null），垃圾回收器就会销毁这些对象，并释放被这些对象所占用的内存空间。

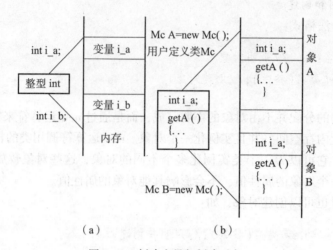

图 5-2 创建变量与创建对象
(a) 创建简单数据类型的变量；(b) 创建用户自定义类的对象

（2）finalize 方法

Java 语言中提供了一种 finalize 方法，这是一种 object 类的方法，通过这种方法可以显式地让系统回收这个对象。通常情况下，这种方法被声明为 protected。程序开发人员在必要的时候，可以在自定的类中定义这个方法，这样，在销毁对象时，垃圾回收器会先采用这个方法来销毁对象，并且在下一次垃圾回收动作发生时释放对象的内存。

（3）利用 System.gc 方法强制启动垃圾回收器

垃圾回收器其实是自动启动的，也就是说，垃圾回收机制会自动监测垃圾对象，并在适当的时候启动垃圾回收器来销毁对象并释放内存。但是垃圾回收器也会有不合作的时候，此时垃圾回收器不受程序代码的控制，其具体执行的时间也不确定，从而导致上述的 finalize 方法无法执行，某些对象无法及时销毁。为此，有时候需要使用 System.gc 方法，利用代码来强制启动垃圾回收器，从而销毁对象。

5.2.5 构造方法

构造方法是一个特殊的类方法，其名称与类名相同，没有返回类型，它用来完成对新建对象的成员变量进行初始化。构造方法一般声明为 public 访问权限，不能由编程人员显式地直接调用。在创建一个类的对象时，系统会自动地调用该类的构造方法进行对象的初始化。

如果在程序中没有显式的定义类的构造方法，Java 编译器将自动提供一个构造方法，即默认构造方法。这个方法没有参数，其方法体中也没有任何语句，例如：

```
public Student(){
}
```

【例 5-6】使用类的重载构造方法生成不同的箱子对象，计算各箱子体积。

```java
package chapter05;
public class ConstructorDemo{
int width;
int length;
int height;
public ConstructorDemo(int a)   //一个参数
    {
width = a;length = a;height = a;
}
public ConstructorDemo(int a,int b)   //两个参数
{
    width = a;length = b;height = a;
}
public ConstructorDemo(int a,int b,int c)   //三个参数
{
    width = a;length = b;height = c;
}
public int volume()                 //计算体积
{
    return width * length * height;
}
public void display()               //显示体积
{
    System.out.println("The box volume is:" + this.volume());
}
public static void main(String[]args){
    ConstructorDemo c1,c2,c3;
    c1 = new ConstructorDemo(5);          //一个参数的构造函数
    c1.display();
    c2 = new ConstructorDemo(5,6);        //两个参数的构造函数
    c2.display();
    c3 = new ConstructorDemo(5,6,7);      //三个参数的构造函数
    c3.display();
}
}
```

程序运行结果为：

```
The box volume is:125
The box volume is:150
The box volume is:210
```

5.2.6 修饰符

修饰符提供了对类、成员变量及成员方法的访问控制,限定了程序里其他部分对它的访问和调用。

微课:修饰符

```
修饰符1   修饰符2   修饰符N   class    类名{…}
修饰符1   修饰符2   修饰符N   数据类型    属性名;
修饰符1   修饰符2   修饰符N   方法返回值类型   方法名(形式参数列表){…}
```

1. 类的修饰符

类的修饰符有 4 个,分别为 default、public、final 和 abstract。

(1) default

指在没有用任何修饰符的情况下,对变量或方法采用默认的访问权限,即表明该变量或方法可被同一包中的其他类存取。

(2) public

意为"公共的",将一个类声明为公共类,则它可以被任何对象访问。另外,一个程序的主类必须是公共类。

(3) final

意为"最终的",将一个类声明为最终类(即非继承类),则表示它不能被其他类继承,其方法也不能被覆盖。

(4) abstract

意为"抽象的",将一个类声明为抽象类,只是先定义一些方法规格,没有实现的方法,实现方法需要子类提供。final 与 abstract 不能复合使用,因为两者会产生冲突。

2. 成员变量修饰符

成员变量修饰符分为两类:访问控制修饰符,如 default、public、protected、private;存在修饰符,如 static、final。访问控制修饰符是指控制类间对成员变量的访问,存在修饰符是指成员变量本身存在类中的特性。

(1) 访问控制修饰符

default:指在没有任何修饰符的情况下,系统会对成员变量采用默认的访问权限,即表明该成员变量可被同一包中的其他类存取。

public:使成员变量可被该类的实例或继承该类的子类所访问。

protected:使成员变量可被该类中的方法、同一包中的类或此类扩展的子类(可存在于其他包)访问。

private:使成员变量受限于该类内部的访问,而其他类包括扩展的子类都不能访问。此类成员变量属于类内部数据,仅用于类内部处理。

(2) 存在修饰符

static:此修饰符修饰的成员变量数据只有一份,不会因实例的产生而产生另外的副本。这种成员变量称为类变量。

final：此修饰符使成员变量的值只能被设置一次，而不能被其他类或该类更改。

3．方法修饰符

大部分方法修饰符的种类及意义与成员变量修饰符一样，只不过前者多了一种存在修饰符 abstract 以及多线程使用的操作性修饰符 synchronized。

访问控制修饰符：public、protected、private

存在修饰符：static、abstract、final

操作修饰符：synchronized

（1）方法控制修饰符

方法控制修饰符与成员变量修饰符一样，这里不再赘述。

（2）方法存在修饰符

static：此修饰符会使方法唯一，并使其处于与类同等的地位，而不会因实例的产生受到影响。

static 方法在使用上应注意以下事项：

①只能使用 static 变量，否则会使编译出错。

②一个类中的 static 方法，可直接用该类的名称来访问。

abstract：抽象方法存在于抽象类中，并不编写程序代码，留给继承的子类来覆盖。声明抽象方法时，大括号 {} 里的内容为空。

final：此修饰符修饰的方法不能被其他类更改程序内容，即使是继承的子类也不能。

（3）方法操作修饰符

synchronized：用于多线程同步处理。被 synchronized 修饰的方法，一次只能被一个线程使用，只有该线程使用完毕，才可以被其他线程使用。

修饰符的混合使用

大多数情况下，修饰符是可以混合使用的，例如类的三个修饰符 public、final 和 abstract 之间并不互斥。

一个公共类可以是抽象的，例如：

```
public abstract class transportmeans…
```

一个公共类也可以是 final 的，例如：

```
public final class Socket…
```

但是需要注意的是，一个抽象类不能同时被 final 修饰符所限定，即 abstract 和 final 不能共存。因为抽象类没有自己的对象，其中的抽象方法也要到子类中才能具体实现，所以被定义为 abstract 的类通常都应该有子类；而 final 修饰符则规定当前类不能有子类，二者显然是矛盾的。下面是一些修饰符混合使用时需要注意的问题：

①abstract 不能与 final 并列修饰同一个类；

②abstract 不能与 private、static、final 或 native 并列修饰同一个方法；

③abstract 类中不能有 private 的成员（包括属性和方法）；

④abstract 方法必须在 abstract 类中；

⑤static 方法中不能处理非 static 的属性。

5.2.7 静态属性、静态方法与静态初始化器

static 称为静态修饰符,可以用来修饰类中的属性和方法。

1. 静态属性

被 static 修饰的属性称为静态属性,这类属性的一个最本质的特点是:它们是类的属性,而不属于任何一个类的具体对象。换句话说,对于该类的任何一个具体对象而言,静态属性是一个公共的存储单元,任何一个类的对象访问它时,取到的都是相同的数值;同样,任何一个类的对象修改它时,也都是在对同一个内存单元做操作。

微课:静态属性、静态方法与静态初始化器

静态属性节省了空间,保持了类对象的修改一致性。

2. 静态方法

static 修饰符修饰的属性属于类的公共属性,同理,用 static 修饰符修饰的方法,属于整个类的类方法。静态方法中,使用 static 至少有三重含义:

①调用这个方法时,应该使用类名做前缀,而不是某一个具体的对象名;

②非 static 的方法属于某个对象的方法,在创建时对象的方法在内存中拥有自己专用的代码段;而 static 的方法属于整个类的,它在内存中的代码段将随着类的定义而分配和装载,不被任何一个对象专有。

③因为 static 方法是属于整个类的,所以它不能操纵和处理属于某个对象的成员变量,而只能处理属于整个类的成员变量,即 static 方法只能处理 static 的数据。

【例 5-7】静态方法的使用。

```java
package chapter05;
public class testStatic{
public static void A(){
    System.out.println("Hello World!");
}
public static void main(String[] args){
    testStatic.A();         //类名+. 直接调用,不用 new 创建对象
}
}
```

程序运行结果为:

```
Hello World!
```

3. 静态初始化器

静态初始化器是由关键字 static 引导的一对大括号括起的语句组。它的作用与类的构造函数有些相似,都用来完成初始化的工作,但是静态初始化器与构造函数有三点根本的不同:

①构造函数是对每个新创建的对象初始化,而静态初始化器是对每个类进行初始化;

②构造函数是在用 new 运算符产生新对象时由系统自动执行的,而静态初始化器则是在

它所属的类加载入内存时由系统调用运行的;

③不同于构造函数,静态初始化器不是方法,因此没有方法名、返回值和参数列表。

静态数据成员的初始化可以由用户在定义时进行,也可以由静态初始化器来完成。静态初始化是一种在类加载时,做一些起始动作的程序块,它是由 static 加上一组大括号所组成。

```
static{
//程序块
}
```

【例5-8】静态初始化器举例。

```
package chapter05;
public   class StaticInitDemo
{
    static Employee1 Emp1,Emp2;
    public static void main(String args[])
    {
     System.out.println("Emp1.MinSalary = " + Emp1.MinSalary +
"Emp2.MinSalary = " + Emp2.MinSalary);
     Employee1.MinSalary = 480;        //修改最低工资为480
     System.out.println("执行赋值480后");
     System.out.println("Emp1.MinSalary = " + Emp1.MinSalary +
"Emp2.MinSalary = " + Emp2.MinSalary);
    }
}
    class Employee1
{   static double MinSalary;    //静态变量最低工资
    static {                    //静态初始化器
        MinSalary = 380;        //初始化静态变量
    }
    }
```

程序运行结果为:

```
Emp1.MinSalary = 380.0   Emp2.MinSalary = 380.0
执行赋值480后
Emp1.MinSalary = 480.0   Emp2.MinSalary = 480.0
```

5.2.8 最终类、最终属性、最终方法与终结器

final 是最终修饰符,它可以修饰类、属性和方法。另外,终结器的关键字与 final 很相近,所以在这里一并介绍。

1. 最终类

如果一个类被 final 修饰符所修饰和限定,说明这个类不可能有子类。如果把一个应用中有继承关系的类组织成一棵倒长的树,所有类的父类是树根,每一个子类是一个分支,那么声明为 final 的类就只能是这棵树上的叶结点,即它的下面不可能再有分支子类。图 5-6 显示的是交通工具类的层次关系树,这里汽车、自行车等都是叶结点(注意,final 类一定是叶结点,而叶结点却不一定是 final 类)。

被定义为 final 的类通常是一些由固定作用来完成某种标准功能的类,如 Java 系统定义好的用来实现网络功能的 InetAddress、Socket 等类都是 final 类。在 Java 程序中,当通过类名引用一个类或其对象时,实际被引用的可能是这个类或其对象本身,也可能是这个类的某个子类及子类的对象,即具有一定的不确定性。将一个类定义为 final,则可以将它的内容、属性和功能固定下来,并与它的类名形成稳定的映射关系,从而保证程序正确无误地引用这个类的所能实现的功能。

2. 最终属性

程序中经常需要定义各种类型的常量,如 15、"Hello" 等,并为它们取一个类似于变量名的标识符名字,这样就可以在程序中通过这个名字来引用常量,而不是直接使用常量数值。final 就是用来修饰常量的修饰符,一个类的成员变量如果被声明为 final,那么它的取值在程序的整个执行过程中都不会改变,即该成员变量就是一个常量。

例如,为了声明雇员工资的最低数值,在 Employee 类的类体中可以增加一个对最低工资的常量声明:

```
static final double m_MinSalary =250;
```

用 final 修饰符声明常量时,需要注意以下几点:
①需要说明常量的数据数型;
②需要同时指出常量的具体取值;
③因为所有类对象的常量成员数值都固定一致,所以,为了节省空间,常量通常被声明为 static。

3. 最终方法

正如 final 修饰符所修饰的成员变量是无法变更的常量一样,它所修饰的类方法也是功能和内部语句不能被更改的最终方法,即不能被当前类的子类重载的方法。在面向对象的程序设计中,子类可以把从父类那里继承来的某个方法改写并重新定义,形成与父类方法同名,解决的问题也相似,但具体实现和功能却不尽相同的新类方法,这个过程称为重载。如果类的某个方法被 final 修饰符所限定,则该类的子类就不能再重新定义与此方法同名的属于自己的方法,而仅能使用从父类继承的方法。这样,就固定了这个方法所对应的具体操作,避免了子类对父类关键方法的错误的重定义,保证了程序的安全性和正确性。

需要注意的是,所有已被 private 修饰符限定为私有的方法,以及所有包含在 final 类中的方法,都被缺省地认为是 final 的,因为这些方法要么不可能被子类所继承,要么根本没有子类,即都不可能被重载。

4. 终结器

在面向对象的程序设计中,对象与单纯的变量一样,有其产生和消亡的过程。当一个对象对程序不再有用时，就应该回收它，即释放它所占用的内存空间及其他资源。正如构造函数是创建新对象时的执行方法一样，终结器是回收对象时的执行方法。终结器是名为 finalize 的方法，它没有参数列表和返回值。

在某些面向对象语言（如 C++）中，对象的释放和回收是通过编程人员执行某种特殊操作来实现的，像利用 new 运算符创建对象一样，利用 free 运算符可以回收对象。但在 Java 语言中，为方便、简化编程并减少错误，对象的回收是由系统的垃圾回收机制自动完成的。Java 的垃圾回收机制是一个系统后台线程，它与用户的程序共存，能够检测用户程序中的各种不能再使用的对象并完成这些对象的内存释放工作。在这个过程中，在回收每个垃圾对象的同时，系统将自动调用执行它的终结器方法。

类似于构造函数，终结器方法不是由编程人员显式地调用执行，而是由系统自动执行的。此外，终结器的调用时刻对于编程人员来说也是未知的，它取决于系统的垃圾回收线程。

5.2.9 包

包是 Java 采用的树结构文件系统的组织方式，可把包含类代码的文件组织起来，使其便于查找和使用。包不仅能包含类和接口，还能包含其他包，形成多层次的包空间。包有助于避免命名冲突、形成层次命名空间，从而缩小了名称冲突的范围，易于管理名称。

1. 包的创建

在 Java 程序中，package 语句必须是程序的第一个非注释、非空白行、行首无空格的语句，它用来说明类和接口所属的包。

创建包的一般语法格式为：

```
package 包名
```

关键字 package 后面的是包名，包名由小写字母组成，不同层次的包名之间采用"."分隔。上述语句用来创建一个具有指定名字的包，当前 .java 文件中的所有类都被放在这个包中。

例如，创建包的语句为：

```
package com.chapter05;   //对应的文件夹为 com\chapter05
```

其中，package 为关键字，com.chapter05 为包名，语句以分号结尾。

若源文件中未使用 package，则该源文件中的接口和类位于 Java 的默认包中。在默认包中，类之间可以相互使用 public、protected default 的数据成员和成员函数，但默认包中的类不能被其他包中的类引用。

2. 包的引用

将类组织成包为了更好地利用包中的类。一般情况下，一个类只能引用与它在同一个包中的类，如需要使用其他包中的 public 类，则要通过 import 引入，例如：

```
import javax.swing.JOptionPane;
```

上述语句可以把 javax.swing 包里的 JOptionPane 类引用进来。如果需要引用整个包内所有类及接口，就需要使用 * 号：

```
import javax.swing.*;
```

在一个类中引用一个包中的类时，可采用两种方式：
① 类长名（Long Name），即加上包名称的类名，如：

```
java.util.Date date = new java.util.Date();
```

② 类短名（Short Name），需在类程序最前面引入包，然后使用该类名，如：

```
import java.util.Date;
...
Date date = new Date();
```

3. 设置 CLASSPATH 环境变量

包名在计算机系统中的表现形式为文件夹，一个包即为一个文件夹，它指出了程序中需要使用的 .class 文件的所在之处；另外，能指明 .class 文件夹所在位置的是环境变量 CLASSPATH。当一个程序找不到所需要的其他类的 .class 文件时，系统会自动到 CLASSPATH 环境变量所指明的路径下去查找。

4. Java 常用类库简介

类库就是 Java API（Application Programming Interface，应用程序接口），是系统提供的已实现的标准类的集合。在程序设计中，合理和充分利用类库提供的类和接口，不仅可以完成字符串处理、绘图、网络应用、数学计算等多方面的工作，而且可以大大提高编程效率，使程序简练、易懂。

Java 类库中的类和接口大多封装在特定的包里，每个包具有特定的功能。表 5-2 列出了 Java 中一些常用的包及其简要的功能。其中，包名后面带 ".*"的表示还包括一些相关的包。有关类的介绍和使用方法，Java 中提供了极其完善的技术文档。我们只需了解技术文档的格式，就能方便地查阅文档。

表 5-2　Java 常用的类库及其功能

编号	包名	功能
1	java.io	包含了文件系统输入/输出相关的数据流类和对象序列化类
2	java.awt	包含图形界面设计类、布局类、事件监听类和图像类
3	java.lang	包含对象、线程、异常出口、系统、整数等 Java 编程语言的基本类库
4	java.net	包含支持 TCP/IP 网络协议、Socket 类、URL 类等实现网络通信应用的所有类
5	java.util	包括程序的同步类、Date 类和 Dictionary 类等常用工具包
6	java.applet	包含了创建 applet 需要的所有类
7	javax.swing	包含了一系列轻量级的用户界面组件（swing）类
8	java.sql	包含访问和处理来自 Java 标准数据源数据的相关类（JDBC 类）

续表

编号	包名	功能
9	java.beans.*	提供了开发 Java Beans 需要的所有类
10	java.math.*	提供了简明的整数算术以及十进制算术的基本函数
11	java.rmi	提供了与远程方法调用相关的所有类
12	java.security.*	提供了设计网络安全方案需要的一些类
13	java.test	包括以一种独立于自然语言的方式处理文本、日期、数字和消息的类和接口
14	javax.accessibility	定义了用户界面组件之间相互访问的一种机制
15	javax.naming.*	为命名服务提供了一系列类和接口

5. 修饰符的访问限制

Java 语言中有各种不同作用的修饰符,修饰符在不同包中的访问权限是不一样的,详见表 5-3 的访问权限表以及图 5-3 的图示说明。

表 5-3 Java 修饰符访问权限

序号	关键字	类	变量	方法	接口	说明
1	(defalut)	√	√	√	√	可被同一 package 中的类存取
2	public	√	√	√	√	可被别的 package 中的类存取
3	final	√	√	√		不能有子类,方法不能被重写,变量为常量
4	abstract	√		√	√	类必须被扩展,方法必须被覆盖
5	private		√	√		方法、变量只能在此类中被访问
6	protected		√	√		方法或变量能被同一 package 中的类访问,以及被其他 package 中该类的子类访问
7	static		√	√		定义成员变量及类方法
8	synchronized			√		在某一时刻,只有一个该修饰符修饰的方法在执行

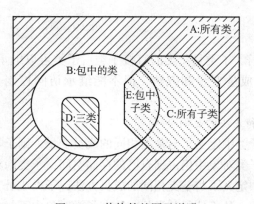

图 5-3 修饰符的图示说明

5.3 类的继承

继承性是面向对象程序设计语言的一个重要特征,通过继承可以实现代码的复用。Java 语言中,所有的类都是直接或间接继承 java.lang.Object 类而得到的。被继承的类称为基类或父类,由继承而得到的类称为子类。基类包括所有直接或间接被继承的类。子类继承父类的属性和方法,同时可以修改继承过来的父类的属性和方法,并增加自己新的属性和方法,但 Java 不支持多重继承。例如,对于学生而言,有小学生、中学生和大学生,抽取其共性可形成学生类;对其分别而言,又有小学生的兴趣爱好、中学生的学科分类、大学生的专业等不同。学生类的继承关系如图 5-4 所示。

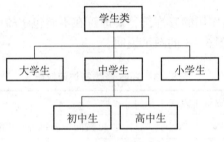

图 5-4 学生类的继承关系

5.3.1 类继承的实现

1. 创建子类

Java 中类的继承是通过 extends 关键字来实现的。在定义新类时,使用 extends 关键字指明新类的基类,就在两个类之间建立了继承关系。

创建子类的一般格式为:

```
[修饰符] class 子类名 extends 父类名{
    …
}
```

子类名为 Java 标识符,子类是父类的直接子类。子类可以继承基类中访问控制为 public、protected、default 的成员变量和方法,但不能继承访问控制为 private 的成员变量和方法。

2. 成员变量的隐藏和方法的重写

在类的继承中,若子类中定义了与基类相同的成员变量,则子类中基类的成员变量被隐藏。基类的成员变量在子类对象中仍占据自己的存储空间,子类隐藏基类的同名成员变量只是使它不可见。若子类中定义了与基类相同的成员方法,子类成员方法会清除基类同名的成员方法所占据的存储空间,从而使得基类的方法在子类对象中不复存在。

5.3.2 this 和 super 关键字

1. this 的使用

当成员方法的形参名与数据成员名相同,或者成员方法的局部变量名与数据成员名相同时,可以在方法内借助 this 来表明引用的是类的数据成员,而不是形式参数或局部变量。简单地说,this 代表了当前对象的一个引用,可将其理解为对象的另一个名字,通过该名字可以顺利地访问对象、修改对象的实例变量、调用对象的方法。

【例 5-9】 this 的使用。

```
package chapter05;
class C{
int a,b;
public C(int a) {           //一个参数的构造方法
    this.a = a;
}
public C(int a,int b) {     //两个参数的构造方法
    this(a);                //引用同类的其他构造方法
    this.b = b;             //访问当前对象的实例变量
}
public int add(){
    return a +b;
}
public void display(){
    System.out.println("a = " + a + ",b = " + b);
    System.out.println("a + b = " + this.add());
    //访问当前对象的成员方法
}
}
public class ThisDemo{
public static void main(String[] args){
    C c = new C(4,6);
    c.display();
}
}
```

程序运行结果为:

```
a = 4,b = 6
a + b = 10
```

2. super 的使用

super 表示当前对象的直接基类对象,是当前对象的直接基类对象的引用。若子类的实例变量或成员方法名与基类的相同,当要调用基类的同名方法或使用基类的同名实例变量,则可以使用关键字 super 来指明基类的实例变量和方法。

【例 5 – 10】 super 的使用。

```java
package chapter05;
class A{
int x,y;
public A(int x,int y){
    this.x=x;
    this.y=y;
}
public void display(){
    System.out.println("In class A:x="+x+",y="+y);
}
}
class B extends A{
int a,b;
public B(int x,int y,int a,int b){
    super(x,y);    //调用直接基类的构造方法
    this.a=a;
    this.b=b;
}
public void display(){
    super.display();        //调用直接基类的方法
    System.out.println("In class B:a="+a+",b="+b);
}
}
public class SuperDemo {
public static void main(String[] args){
    B a=new B(1,2,3,4);
    a.display();
}
}
```

程序运行结果为:

```
In class A:x=1,y=2
In class B:a=3,b=4
```

【例 5-11】学生类继承关系举例。

用程序描述不同的学生，抽取所有学生的共性并将其定义为学生父类，分别定义子类小学生、中学生和大学生，并在子类中派生出新的特性，如：小学生增加兴趣爱好，中学生增加所属科类，大学生增加专业属性，如图 5-5 所示。主类分别实例化不同学生及输出信息。

微课：类继承实例

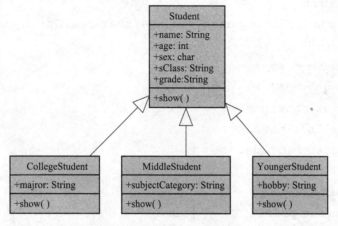

图 5-5 类的继承图

```
package chapter05;
import chapter05.student.*;
public class StudentTest {          //主类
public static void main(String[] args){
    YoungerStudent young = new YoungerStudent("何小筝",9,'女',"3班","三年级","唱歌");
    young.show();
    MiddleStudent middle = new MiddleStudent("李四平",16,'男',"3班","一年级","理科");
    middle.show();
    CollegeStudent college = new CollegeStudent("王金全",20,'男',"2班","二年级","软件技术2班");
    college.show();
  }
}
```

在包 chapter05.student 中定义 4 个类，分别是父类 Student、子类 YoungerStudent 类（小学生）、MiddleStudent 类（中学生）和 CollegeStudent 类（大学生）。

```
package chapter05.student;
public class Student{          //父类学生类
```

```
    String name;              //姓名
    int age;                  //年龄
    char sex;                 //性别
    String sClass;            //班级
    String grade;             //年级
    public Student(String name,int age,char sex,String sClass,String grade){
        this.name=name;
        this.age=age;
        this.sex=sex;
        this.sClass=sClass;
        this.grade=grade;
    }
    public void show(){
        System.out.print("姓名:"+name+"\t年龄:"+age+"\t性别:"+sex+
"\t年级:"+grade+"\t班级:"+sClass);
    }
}
```

定义子类小学生 YoungerStudent:

```
package chapter05.student;
public class YoungerStudent extends Student{        //子类小学生
    String hobby;
    public YoungerStudent (String name, int age, char sex, String sClass,String grade,String hobby){
        super(name,age,sex,sClass,grade);
        this.hobby=hobby;
    }
    public void show(){
        super.show();
        System.out.println("\t爱好:"+hobby);
    }
}
```

定义子类中学生 MiddleStudent:

```
package chapter05.student;
public class MiddleStudent extends Student{         //中学生
```

```
    String subjectCategory;
    public MiddleStudent(String name,int age,char sex,String sClass,
String grade,String subjectCategory){
        super(name,age,sex,sClass,grade);
        this.subjectCategory=subjectCategory;
    }
    public void show(){
        super.show();
        System.out.println("\t 文理科:"+subjectCategory);
    }
}
```

定义子类大学生 CollegeStudent：

```
package chapter05.student;
public class CollegeStudent extends Student{          //大学生
    String major;
    public CollegeStudent(String name, int age, char sex, String
sClass,String grade,String major){
        super(name,age,sex,sClass,grade);
        this.major=major;
    }
    public void show(){
        super.show();
        System.out.println("\t 专业:"+major);
    }
}
```

程序运行结果为：

```
姓名:何小筝   年龄:9    性别:女   年级:三年级   班级:3 班   爱好:唱歌
姓名:李四平   年龄:16   性别:男   年级:一年级   班级:3 班   文理科:理科
姓名:王金全   年龄:20   性别:男   年级:二年级   班级:2 班   专业:软件技术 2 班
```

5.3.3 抽象类与抽象方法

类是对象的集合，对象是类的实例化。但是，交通工具这个类却不存在一个仅属于它的具体对象，因为任何一件实际的交通工具，不论是汽车、轮船还是航天飞机，在属于交通工具类的同时，又都属于交通工具的某个具体的子类，如汽车属于陆地交通工具、轮船属于海上交通工具……因此，并不存在一种交通工具，它不属于交通工具的任何一个子类，而仅仅是交通工具类的对象,详见图 5-6 所示。

微课:抽象类

图 5-6 交通工具层次图

1. 抽象类与抽象方法

在 Java 中,用 abstract 关键字修饰的类称为抽象类,用 abstract 关键字修饰的方法称为抽象方法。当一个类的定义完全表示抽象概念时,它不能实例化对象,只能用于被继承。定义抽象类的目的是提供一种可由其子类共享的形式,使子类可以根据自身需要扩展抽象类。抽象类和抽象方法具有如下特征:

①抽象类不能实例化,即不能用 new 来生成一个实例对象。

②抽象方法只有方法名、参数列表及返回值类型,没有方法体,并且必须在子类中给出具体实现。

③一个抽象类可以没有经过定义的抽象方法,但只要一个方法被声明为抽象方法,则该类必须为抽象类。

④若一个子类继承一个抽象类,则需要重写继承的抽象方法;若没有完全实现所有的抽象方法,则该子类仍是抽象方法。

⑤抽象方法可与 public、protected 复合使用,但不能与 final、private 和 static 复合使用。

声明一个抽象类与抽象方法的语法格式为:

```
abstract class 类名{
    ...
    abstract 返回值类型 方法名([参数列表]);
}
```

其中,抽象类可以包含抽象方法,并且对抽象方法只需声明而不需要具体的内容。

2. 抽象类与抽象方法的使用

抽象类预先确定了总体结构,缺少实际内容或实现过程,因而不能被实例化,只能被继承。如果以它为基类,用其子类来创建对象,则需要同时将抽象方法重写。

【例 5-12】抽象类和抽象方法的使用。

```
package chapter05;
abstract class Shape{          //定义描述形状的抽象类
    public abstract void getArea();        //定义计算面积的抽象方法
}
class Circle extends Shape{         //定义子类 Circle
```

```
    final double PI = 3.14;
    double radius;              //定义圆的半径
    public Circle(double r){
        this.radius = r;
    }
    public void getArea(){      //重写继承的抽象方法计算圆面积
        System.out.println("圆的面积为:" + PI* radius* radius);
    }
}
class Rectangle extends Shape{
    double length;              //定义矩形的长
    double width;               //定义矩形的宽
    public Rectangle(double l, double w){
        this.length = l;
        this.width = w;
    }
    public void getArea(){      //重写继承的抽象方法计算矩形面积
        System.out.println("矩形的面积为:" + length* width);
    }
}
public class AbstractDemo{
    public static void main(String[] args){
        Circle cc = new Circle(5.6);
        cc.getArea();           //调用方法计算圆的面积
        Rectangle rt = new Rectangle(8,6);
        rt.getArea();           //调用方法计算圆的面积
    }
}
```

程序运行结果为：

圆的面积为:98.4704
矩形的面积为:48.0

5.3.4 类对象之间的类型转换

类型转换必须在继承层次类之间进行，即基类（超类）对象与子类对象之间在一定条件下可以相互转换。子类是对父类的具体化，父类对象与子类对象之间的相互转换规则如下：

微课：类对象之间的类型转换

①子类对象名可以赋值给父类对象名，进行自动类型转换，但父类对象名不可以赋值给子类对象名，即，父类对象名=子类对象名；

②如果一个父类对象名已经被子类对象名所赋值，那么可以将父类对象名经强制转换赋值给子类对象名，即，子类对象名=（子类类名）父类对象名；

③处于相同层次的类对象之间不能进行转换。

例如，我们说"狗是一种哺乳动物"，即是说哺乳动物这个大类中，狗只是其中的一种，在 Java 语言中表示为哺乳动物（Mammal）是狗（Dog）的父类。如果反过来说"哺乳动物是一种狗"就不对了，因为马、羊等很多动物都是哺乳动物。

定义哺乳动物类：

```
class Mammal{
...
}
  Mammal m = new Mammal();
```

定义狗是一种哺乳动物类：

```
class Dog extends Mammal{
...
}
Dog dog1 = new Dog();
```

可以有如下的赋值：

```
m = dog1;//等价于 Mannal m = new Dog();,表示"狗是一种哺乳动物"
```

当子类对象赋值给父类对象后，父类对象除了可以引用自身所在类的成员外，还能引用和父类同名的成员变量（父类）和方法（子类）。

```
Dog Dog2 = new Mammal();
//父类对象赋给子类对象,说明哺乳动物是狗,显然不对
```

【例 5-13】父类与之类对象的转换。

```
package chapter05;
public class FatherSonTest {
public static void main(String[] args){
    Father fa = new Father();//父类对象
```

```
        fa.show();
        Son s = new Son();              //子类对象
        s.show();
        Father fb;
        fb = s;                /*当子类对象赋值给父类对象后,父类对象除了可以引用自身
所在类的成员外,还能引用和父类同名的成员变量(父类)和方法(子类)。*/
        fb.show();
        System.out.println(fb.a + "" + fb.b);
        //System.out.println(fb.a + "" + fb.b + "" + fb.c);
        System.out.println(s.a + "" + s.b + "" + s.c);
    }
}
class Father{
int a = 1, b = 2;
void show(){
    System.out.println("Father:" + a + "." + b);
}
}
class Son extends Father{
    int b = 3, c = 4;
    void show(){              //重载 show()方法
        System.out.println("Son" + a + "" + b + "" + c);
    }
}
```

程序运行结果为:

```
Father:12
Son134
Son134
12
134
```

5.4 类的多态

多态是面向对象系统中的又一重要特性,是指同名的方法可以根据发送消息对象的传送参数的不同,采取不同行为方式的特性。Java 语言提供了两种多态机制:重载与重写。

微课:类的多态

5.4.1 方法重载

如果在同一个类中定义了多个同名而不同内容的成员方法,那么称这些方法是重载的方法。重载的方法主要通过参数列表中参数的个数、参数的数据类型和参数的顺序来进行区分。Java 编译器会检查每个方法所用的参数数目和类型,然后调用正确的方法。

【例 5-14】重载方法的使用。

```java
package chapter05;
public class AddOverridden {
    int add(int a,int b){              //两个整数的和
    return a + b;
    }
    int add(int a,int b,int c){        //三个整数的和
    return a + b + c;
    }
    double add(double a,double b){            //两个双精度浮点数的和
    return a + b;
    }
    double add(double a,double b,double c){//三个双精度浮点数的和
    return a + b + c;
    }
    public static void main(String[ ] args){
    AddOverridden obj1 = new AddOverridden();
    System.out.println("Sum(10,20) = " + obj1.add(10,20));
    AddOverridden obj2 = new AddOverridden();
    System.out.println("Sum(10,20,30) = " + obj2.add(10,20,30));
    AddOverridden obj3 = new AddOverridden();
    System.out.println("Sum(10.5,20.5) = " + obj3.add(10.5,20.5));
    AddOverridden obj4 = new AddOverridden();
     System.out.println("Sum(10.5,20.5,30.5) = " + obj4.add(10.5,20.5,30.5));
    }
}
```

程序运行结果为:

```
Sum(10,20) = 30
Sum(10,20,30) = 60
Sum(10.5,20.5) = 31.0
Sum(10.5,20.5,30.5) = 61.5
```

5.4.2 方法重写

通过面向对象系统中的继承机制，子类可以继承基类的方法。但是，子类的某些特征可能与基类中继承来的特征有所不同。为了体现子类的这种特性，Java 允许子类对基类的同名方法重新进行定义，即在子类中定义基类中已定义的名称相同而内容不同的方法。这种多态称为方法重写，也称为方法覆盖。

对于重写的方法，Java 运行时系统会根据调用该方法的实例的类型来决定选择哪个进行调用。对子类的一个实例，如果子类重写了基类的方法，则运行时系统调用子类的方法；如果子类继承基类的方法，则运行时系统调用基类的方法。

【例 5-15】重写方法的使用。

```java
package chapter05;
class E{
void display(){
    System.out.println("E's method display() called!");
}
void print(){
    System.out.println("E's method print() called!");
}
}
class F extends E{
void display(){
    System.out.println("F's method display() called!");
}
}
public class OverRiddenDemo {
    public static void main(String[] args){
    E e1 = new E();
    e1.display();
    e1.print();
    E e2 = new F();
    e2.display();
    e2.print();
    }
}
```

程序运行结果为：

```
E's method display()called!
E's method print()called!
F's method display()called!
E's method print()called!
```

在上例中，程序定义了类 A 和类 A 的子类 B，然后声明类 A 的变量 a1、a2，用 new 建立类 A 的一个实例和类 B 的一个实例，并使变量 a1、a2 分别存储类 A 的实例引用和类 B 的实例引用。Java 程序运行时，系统根据引用的是类 A 的一个实例还是类 B 的一个实例，来确定是调用类 A 的方法 display( ) 还是调用类 B 的方法 display( )。

子类在对继承的父类方法重写时应遵循两个原则：
- 改写后的方法不能比被重写的方法有更严格的访问权限；
- 改写后的方法不能比被重写的方法产生更多的例外。

5.5 接　口

为了避免多继承中各基类含有同名成员时，子类中发生引用无法确定的问题，Java 通过 extends 来实现单继承。为了某些时候操作方便、增加 Java 的灵活性，达到多继承的效果，可利用 Java 提供的接口来实现。

一个接口可以从几个接口继承而来，Java 程序一次只能继承一个类，但可以实现多个接口。接口不能有任何具体的方法，但可以用来定义由类使用的一组常量。

5.5.1 接口的定义

Java 中的接口是特殊的抽象类，是一些抽象方法和常量的集合，其主要作用是使得处于不同层次上并且互不相干的类能够执行相同的操作和引用相同的值，而且可以同时实现来自不同类的方法。

微课：接口

接口与普通的抽象类的不同之处在于：接口的数据成员必须被初始化，接口中的方法必须全部都声明为抽象方法。

接口的一般定义格式为：

```
[public]interface 接口名{
[public][static][final]类型　常量名=常量值;
//数据成员必须被初始化
[public][abstract]方法类型　方法名([参数列表]);
//方法必须声明为抽象方法
}
```

其中，interface 是接口的保留字，接口名是 Java 标识符。如果缺少 public 修饰符，则该接口只能被与它在同一个包中的类实现；常量名是 Java 标识符，通常用大写字母标识，常量值必须与声明的类型相一致;方法名是 Java 标识符,方法类型是指该方法的返回值类型。在 Java 程序中接口中的 final 和 abstract 可以省略。

5.5.2 接口的实现

接口中只包含抽象方法,因此不能像一般类那样使用 new 运算符直接产生对象。用户必须利用接口的特性来打造一个类,再用它来创建对象,而利用接口打造新的类的过程,就称为接口的实现。接口实现的一般语法格式为:

```
class 类名 implements 接口名称{     //接口的实现
    //类体
}
```

【例 5 - 16】求给定圆的面积。

```
package chapter05;
interface shape{
double PI = 3.14159;
abstract double area();
}
class Circle implements shape{
double radius;
public Circle(double r){
    radius = r;
}
public double area(){
    return PI * radius * radius;
}
}
public class InterfaceDemo{
public static void main(String[]args){
    Circle cir = new Circle(10);
    System.out.println("Circle area = " + cir.area());
}
}
```

程序运行结果为:

```
Circle area = 314.159
```

在类实现一个接口时,如果接口中的某个抽象方法在类中没有具体实现,则该类是一个抽象类,不能产生对象。

提醒：接口与抽象类的区别如下。

①关键字不同：接口用的是 interface，抽象类用的是 abstract；
②方法存在形式不同：接口中的方法是抽象方法，是不能包含带有方法体的普通方法；抽象类中的方法既可以是抽象方法，也可以有普通方法；
③属性处理不同：接口中的属性是常量，而抽象类中的属性没有限制；
④使用上有所不同：当各个子类都存在一个共同的方法特征，但有各自不同的实现时，一般使用接口。

5.5.3 接口的继承

接口也可以通过关键字 extends 继承其他接口，子接口可以继承父接口中所有的常量和抽象方法。子接口的实现类不仅要实现子接口的抽象方法，而且需要实现父接口的所有抽象方法。

【例 5-17】接口的继承。

```
package chapter05.inherit;
interface shape2D{
double PI = 3.14159;
abstract double area();
}
interface shape3D extends shape2D{    //接口继承
double volume();
}
class Circle implements shape3D{
double radius;
public Circle(double r){
    radius = r;
 }
    public double area(){          //实现间接父接口的方法
        return PI * radius * radius;
    }
    public double volume(){        //实现直接父接口的方法
        return 4 * PI * radius * radius * radius/3;
    }
}
public class InterfaceDemo2{
    public static void main(String[]args){
Circle cir = new Circle(10);
System.out.println("Circle area = " + cir.area());
```

```
    System.out.println("Circle volume = " + cir.volume());
  }
}
```

程序运行结果为:

```
Circle area = 314.159
Circle volume = 4188.786666666667
```

【例5-18】实现多个接口。

```
package chapter05.mulinherit;
interface shape{
double PI = 3.14159;
double area();
double volume();
}
interface color{
void setcolor(String str);
}
class Circle implements shape,color{    //实现多个接口
double radius;
String color;
public Circle(double r){
    radius = r;
}
public double area(){
    return PI * radius * radius;
}
public double volume(){
    return 4 * PI * radius * radius * radius/3;
}
public void setcolor(String str){
    color = str;
}
String getcolor(){
    return color;
}
}
```

```
public class InterfaceDemo3{
    public static void main(String[]args){
    Circle cir=new Circle(10);
    System.out.println("Circle area = "+cir.area());
    System.out.println("Circle volume = "+cir.volume());
    cir.setcolor("Red");
    System.out.println("Circle color = "+cir.getcolor());
    }
}
```

程序运行结果为:

```
Circle area=314.159
Circle volume=4188.786666666667
Circle color=Red
```

在实现接口的类中,定义抽象方法的方法体时,一定要声明方法为 public,否则编译会出现如下错误信息:

```
Cannot reduce the visibility of the inherited method from shape
```

中文含义为:不能缩小继承来的方法的访问权限。

5.5.4 接口的多态

接口的使用使得方法的描述和功能实现可以分开处理,这有助于降低程序的复杂性,使设计的程序更灵活,便于扩充和修改。

【例 5-19】接口多态的使用。

```
package chapter05.minterface;
interface shape{
double PI=3.14159;
double area();
}
class Rectangle implements shape{    //定义 Rectangle 实现接口 shape
double width,height;
public Rectangle(double w,double h){
    width=w;
    height=h;
}
public double area(){
```

```
        return width * height;
    }
}
class Circle implements shape{    //定义 Circle 实现接口 shape
    double radius;
    public Circle(double r){
        radius = r;
    }
    public double area(){
        return PI* radius* radius;
    }
}
public class InterfaceDemo4{
    public static void main(String[]args){
        Rectangle rect = new Rectangle(15,20);
        System.out.println("Rectangel area = " + rect.area());
        Circle cir = new Circle(10);
        System.out.println("Circle area = " + cir.area());
    }
}
```

程序运行结果为：

```
Rectangel area = 300.0
Circle area = 314.159
```

在上面的例子中，程序定义了接口 shape，并在类 Rectangle 和类 Circle 中实现了接口 shape。但这两个类对接口 shape 的抽象方法 area() 的实现是不同的，即实现了接口的多态。

5.6 案例分析

5.6.1 案例情景——模拟 ATM 自动取款机

登记持卡人个人信息，并可对此卡进行存款、取款、购物、查询余额等操作。

5.6.2 运行结果

运行结果如图 5-7 所示。

微课：模拟 ATM
自动取款机

```
年利率：0.03
请输入账号：
123456789
请输入姓名：
陈锋
请输入身份证号：
51021119768025
请输入地址：
重庆江北
请输入金额：
3000
        持卡人信息录入

欢迎使用银行ATM系统2.0版
    1． 存 款
    2． 取 款
    3． 购物付款
    4． 查 询
    5． 退 出
选择请输入数字[1-5]:1
2000
======存款======
您的卡号：123456789
您的姓名：陈锋
原有余额：3000.0
现存入：2000.0
最终余额：5000.0
        存款日期：Sat Jan 31 23:11:12 CST 2015
            存款界面

欢迎使用银行ATM系统2.0版
    1． 存 款
    2． 取 款
    3． 购物付款
    4． 查 询
    5． 退 出
选择请输入数字[1-5]:3
500
======取款======
您的卡号：123456789
您的姓名：陈锋
原有余额：4000.0
现取出：500.0
最终余额：3500.0
        取款日期：Sat Jan 31 23:12:47 CST 2015
            购物付款界面
```

```
欢迎使用银行ATM系统2.0版
    1． 存 款
    2． 取 款
    3． 购物付款
    4． 查 询
    5． 退 出
选择请输入数字[1-5]:5
谢谢您的使用！
            退出ATM系统

欢迎使用银行ATM系统2.0版
    1． 存 款
    2． 取 款
    3． 购物付款
    4． 查 询
    5． 退 出
选择请输入数字[1-5]:2
1000
======取款======
您的卡号：123456789
您的姓名：陈锋
原有余额：5000.0
现取出：1000.0
最终余额：4000.0
        取款日期：Sat Jan 31 23:12:03 CST 2015
            取款界面

欢迎使用银行ATM系统2.0版
    1． 存 款
    2． 取 款
    3． 购物付款
    4． 查 询
    5． 退 出
选择请输入数字[1-5]:4
======查询======
您的卡号：123456789
您的姓名：陈锋
最终余额是：3500.0
        查询日期：Sat Jan 31 23:13:18 CST 2015
            查询余额界面
```

图 5-7 程序运行效果

5.6.3 实现方案

1. 案例分析

①定义主类，完成持卡人信息的录入以及用卡权限的选择；

②定义银行卡类，完成有参数的构造函数的初始化，并完成对存款、取款、购物、查询余额等方法的程序编写。

2. 参考程序代码

```java
//AccountCardTest ATM 主类
package chapter05.project;
import java.util.Date;
import java.util.Scanner;
public class AccountCardTest {              //测试类
    public static void main(String[]args){          //程序入口方法
        AccountCard.setInterest(0.03);       //年利率
```

```java
        System.out.println("年利率:"+AccountCard.getInterest());
    String account;
    String name;
    String id;
    String address;
    double balance;
    Scanner input = new Scanner(System.in);
    System.out.println("请输入账号:");
    account = input.next();
    System.out.println("请输入姓名:");
    name = input.next();
    System.out.println("请输入身份证号:");
    id = input.next();
    System.out.println("请输入地址:");
    address = input.next();
    System.out.println("请输入金额:");
    balance = input.nextDouble();
       AccountCard wang = new AccountCard(account,name,id,address,balance);
        //通过构造方法初始化持卡人信息
        //AccountCard wang = new AccountCard();    //无参创建类的对象
        int choice;
        double cash;
        do {
            wang.menu();       // 输入数字,选择菜单
            Scanner input2 = new Scanner(System.in);   //从键盘输入数据
            choice = input2.nextInt();
            switch(choice){
              case1:            //存款
                cash = input2.nextDouble();
                wang.deposit(cash);
                break;
              case2:            //取款
                cash = input2.nextDouble();
                wang.withdraw(cash);
                break;
              case3:            //购物
```

```java
            cash = input2.nextDouble();
            wang.withdraw(cash);
            break;
        case4:
            wang.query();              //查询
            break;
        case5:
            System.out.println("谢谢您的使用!");
            System.exit(1);
        }
    }while(choice! =5);
}
}
//银行卡类 AccountCard
package chapter05.project;
import java.util.Date;    //导入程序中用到的系统类
public class AccountCard {    //自定义 AccountCard 类
    /*年利率;账号、持卡人姓名、身份证号码、地址;交易金额、交易日期、余额*/
    private static double interest;    //私有、静态
    private String account;    //私有
    private String name;
    private String id;
    private String address;
    private double DWAmount;
    private Date DWDate;
    private double balance;
    /*无参构造方法*/
    public AccountCard(){    //初始化持卡人信息
        super();
        this.account = "1111111110";
        this.name = "王朝";
        this.id = "321020199809181215";
        this.address = "持卡人地址";
        this.balance = 0;
    }
    /*带参构造方法*/
    public AccountCard (String account, String name, String id, String address,
```

```java
            double balance){    //初始化持卡人信息
        super();
        this.account=account;
        this.name=name;
        this.id=id;
        this.address=address;
        this.balance=balance;
    }
    public void menu(){    //菜单方法
        System.out.println("\n欢迎使用银行ATM系统2.0版");
        System.out.println("\t1. 存   款");
        System.out.println("\t2. 取   款");
        System.out.println("\t3. 购物付款");
        System.out.println("\t4. 查   询");
        System.out.println("\t5. 退   出");
        System.out.print("选择请输入数字[1-5]:");
    }
public static  double getInterest(){
//静态getter()
        return interest;
    }
    public static void setInterest(double interest){
    //静态setter()
        AccountCard.interest=interest;
    }
    public String getAccount(){    //getter()
        return account;
    }
    public void setAccount(String account){    //setter()
        this.account=account;            //this代表当前类的实例
    }
    public String getName(){
        return name;
    }
    public void setName(String name){
        this.name=name;
    }
    public String getId(){
```

```java
        return id;
    }
    public void setId(String id){
        this.id=id;
    }
    public String getAddress(){
        return address;
    }
    public void setAddress(String address){
        this.address=address;
    }
    public void setbalance(Double balance){
        this.balance=balance;
    }
    /*存款、取款、查询;购物支付、禁止透支*/
    public void deposit(double cash){    //类的存款行为(方法)
        System.out.println("=======存款==========");
        System.out.println("您的卡号:"+this.account);
                                    //this代表当前类的实例
        System.out.println("您的姓名:"+this.name);
        System.out.println("原有余额:"+this.balance);
        System.out.println("现存入:"+cash);
        this.DWAmount=cash;
        balance=this.balance+cash;   //余额自动计算
        System.out.println("最终余额:"+this.balance);
        this.DWDate=new Date();   //记录当天的日期
        System.out.println("存款日期:"+this.DWDate);
    }
    public void withdraw(double cash){    //类的取款行为(方法)
        System.out.println("=======取款==========");
        System.out.println("您的卡号:"+this.account);
        System.out.println("您的姓名:"+this.name);
        System.out.println("原有余额:"+this.balance);
        System.out.println("现取出:"+cash);
        this.DWAmount=cash;
        if((this.balance-cash)>0){   //禁止透支
            this.balance=this.balance-cash;   //余额自动计算
```

```java
            System.out.println("最终余额:"+this.balance);
        }else{
            System.out.println("取出数额太大！请重新输入。");
        }
        this.DWDate=new Date();    //记录当天的日期
        System.out.println("取款日期:"+this.DWDate);
    }
    public void query(){      //类的查询行为(方法)
        System.out.println("========查询=========");
        System.out.println("您的卡号:"+this.account);
        System.out.println("您的姓名:"+this.name);
        System.out.println("最终余额是:"+this.balance);
        this.DWDate=new Date();    //记录当天的日期
        System.out.println("查询日期:"+this.DWDate);
    }
    public void purchase(double payment){    //类的付款行为(方法)
        System.out.println("=======购物==========");
        System.out.println("您的卡号:"+this.account);
        System.out.println("您的姓名:"+this.name);
        System.out.println("原有余额:"+this.balance);
        System.out.println("现付出:"+payment);
        this.DWAmount=payment;
        if((this.balance-payment)>0){   //禁止透支
            this.balance=this.balance-payment;   //自动计算余额
            System.out.println("最终余额:"+this.balance);
        }else{
            System.out.println("没有足够的余额!");
        }
        this.DWDate=new Date();    //记录当天的日期
        System.out.println("付款日期:"+this.DWDate);
    }
}
```

5.7 任务训练——面向对象程序设计

5.7.1 训练目的

(1) 掌握类与对象的创建与使用；
(2) 掌握类的继承和多态的使用；
(3) 掌握接口的使用。

5.7.2 训练内容

1. 完成对正文中各段代码程序效果的演示。
2. 完成思考与练习中程序的编写与调试。
3. 编写一个程序，实现设置上月电表读数、本月电表读数、显示上月电表读数、显示本月电表读数、计算本月用电数、显示本月用电数、计算本月用电费用、显示本月用电费用的功能。

微课：计算电费

【程序效果】

```
请输入上月电表读数:200
请输入本月电表读数:350
上月电表读数:200 本月电表读数:350
本月用电度数:150
本月费用:75.0
```

【解题思路】

(1) 设置定义类 Powermeter，其四个属性 lastRecord、currentRecord、price = 0.5、fee，前两个与后两个数据类型分别是 int 和 double；

(2) 利用 Scanner 方法完成电表读数的输入；

(3) 用 setRecord( )方法实现上月电表、本月电表度数的设置；showRecord( )方法实现上月电表读数、本月电表读数的显示；showUsedAmount( )显示本月用电度数；showFee( )显示用电费用；calcUsedAmount( )计算本月用电度数；calcUsedFree( )计算本月用电费用。

【参考程序】

主类 PowermeterTest：

```java
package chapter05;
public class PowermeterTest{
public static void main(String[]args){
    Powermeter powermeter=new Powermeter();
    powermeter.setRecord();
    powermeter.showRecord();
```

```
        powermeter.showUsedAmount();
        powermeter.calcUsedFee();
        powermeter.showFee();
    }
}
```

类 Powermeter：

```
package chapter05;
import java.util.Scanner;
//Powermeter 类
public class Powermeter{
    int lastRecord;
    int currentRecord;
    double price=0.5;
    double fee;
    //设置上月电表、本月电表读数
    public void setRecord(){
        Scanner input=new Scanner(System.in);
        System.out.print("请输入上月电表读数:");
        lastRecord=input.nextInt();
        System.out.print("请输入本月电表读数:");
        currentRecord=input.nextInt();
    }
    //显示上月电表、本月电表读数
    public void showRecord(){
        System.out.println("上月电表读数:"+lastRecord+"本月电表读数:"+currentRecord);
    }
    //计算本月用电数
    //return usedAmount
    public int calcUsedAmount(){
        int usedAmount=currentRecord-lastRecord;
        return usedAmount;
    }
    //显示本月用电数
    public void showUsedAmount(){
    }
```

```
        System.out.println("本月用电度数:" + calcUsedAmount());
    }
    //计算本月用电费用
    public void calcUsedFee(){
        int usedAmount = this.calcUsedAmount();
        fee = usedAmount * price;
    }
    //显示本月用电费用
    public void showFee(){
        System.out.println("本月费用:" + fee);
    }
}
```

5.8 知识拓展

1. 问：Java 中定义类时是否允许嵌套定义？

答：一般在 Java 语言中，类的定义都是平行关系，即在一个类里面不再定义另外一个类；但内部类是指在一个外部类的内部再定义一个类，类名不需要和文件夹相同，可以有 private 与 protected 权限，实现隐藏，根据实际情况可进行定义，在此不再赘述。

2. 问：接口与抽象类的区别有哪些？

答：接口中的方法必须全是抽象方法；而抽象类中的方法，可以有抽象的，也可以有具体的。类可以用关键字 implements 实现接口。Java 是单继承的，但是却可以实现多个接口（一个类可以同时继承另一个类，并且实现多个接口）。一个类实现了一个接口，如果这个类不是抽象类，那么它必须实现这个接口中的所有方法；如果是抽象类，则无须实现接口中的所有方法。

思考与练习

一、选择题

1. 构造方法名必须与（　　）相同，它没有返回值，用户不能直接调用它，只能通过 new 调用。

　　A. 类名　　　　B. 对象名　　　　C. 包名　　　　D. 变量名

2. 继承是面向对象编程的一个重要特征，它可降低程序的复杂性并使代码（　　）。

　　A. 可读性好　　　　　　　　B. 可重用
　　C. 可跨包访问　　　　　　　D. 运行更安全

3. 在 Java 中，若要使用一个包中的类，首先要求对包进行导入，其关键字是（　　）。
A. import　　　　B. package　　　　C. include　　　　D. interface
4. 下列叙述中，错误的是（　　）。
A. Java 中，方法的重载是指多个方法可以共享同一个名字
B. Java 中，用 abstract 修饰的类称为抽象类，它不能实例化
C. Java 中，接口是不包含成员变量和实现方法的抽象类
D. Java 中，构造方法可以有返回值
5. 构造方法与实例方法的相同之处是（　　）。
A. 两者都有返回类型　　　　　　B. 两者名字都与类名相同
C. 两者都可有参数列表　　　　　D. 以上三者都对

二、编程题

1. 编写 Book 类，要求类具有书名、书号、主编、出版社、出版时间、页码、价格，其中页数不能少于 250 页，否则输出错误信息；具有 detail 方法，用来在控制台输出每本书的信息。

2. 编写接口和实现类：动物（Animal）会动，老虎（Tigger）会跑，鸟（Bird）会飞，鱼（Fish）会游。测试运行结果。

第 6 章

异常处理

【知识点】异常及类层次结构;异常类处理机制;自定义异常。

【能力点】掌握异常的定义及其类型;掌握异常的处理机制;掌握对异常的处理。

【学习导航】

程序的健壮性是所有软件都应该具备的,因此程序对异常的处理尤为关键。本章内容在 Java 程序开发能力进阶必备中的位置如图 6-0 所示。

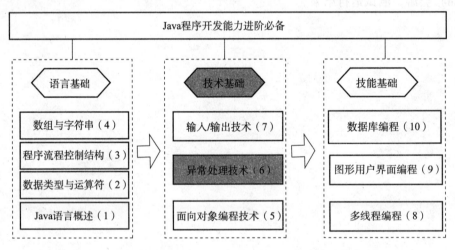

图 6-0 本章内容在 Java 程序开发能力进阶必备中的位置

不论是简单程序,还是具备一定功能的复杂程序,在编写和调试过程中,都经常会出现有问题的代码,即使在语法无误的情况下有时也会出现得不到预期效果的情况,对此类问题,Java 语言是通过异常处理技术来解决的。

6.1 异常和异常类

在 Java 语言中,程序运行过程中出现的错误称为"异常"或"例外",Java 语言通过异常处理机制来处理错误。

微课:异常

6.1.1 异常的定义

在学习 Java 的异常这一概念之前,先看看下面的实例。

【例 6-1】Java 系统对"除数为 0"异常的处理。

```
package chapter06;
public class MathDemo{
    public static void main(String[]args){
        int a = 0;
        int b = 30/a;    //除数为 0
        System.out.println("b 的值为:" + b);
    }
}
```

程序运行结果如图 6-1 所示。

```
Exception in thread "main" java.lang.ArithmeticException: / by zero
        at chapter07.MathDemo.main(MathDemo.java:5)
```

图 6-1　除数为 0 的异常运行结果

Java 语言中规定除数不能为 0,违反这一规则后,程序就会非正常地中止(产生异常)。因此,在 Java 控制台上出现了图 6-1 所示的界面。

由上例可知,异常(Exception)就是在程序运行过程中所产生的意外事件,它中断指令的正常执行。异常的表现有多种形式:算术运算错误(被 0 除或数溢出)、数组下标越界、I/O 错误、内存用完、找不到文件、网络连接错误等。

6.1.2　Java 异常类及其层次结构

Java 语言中,异常类是所有"异常"的集合。Java 中的异常对象是以类的层次结构进行组织的,异常就是这些异常类的实例。异常类层次的最上层是 Throwable(可抛出),它用于表示所有的"异常"情况,是所有异常的一个共同的祖先,即每个异常类都是 Throwable 类的子类。Throwable 类有两个直接子类:Exception 类和 Error 类,其中 Exception 类是用户程序能够捕捉到的异常情况,程序通过产生它的子类来创建异常;Error 类描述的是系统内部错误,一旦产生,程序将无法处理,它表示运行的应用程序中有较严重问题。

除了 Java 类库所定义的异常类之外,用户也可以通过继承已有的异常类来定义自己的异常类,并在程序中使用(利用 throw 产生,catch 捕获)这些异常类。

由图 6-2 可知,Java 中的异常和错误的区别在于异常是能被程序自身处理的,而错误是无法处理的。Exception 异常可分为两大类:运行时异常和非运行时异常(编译异常)。程序中应当尽可能去处理这些异常。

运行时异常都是 RuntimeException 类及其子类异常,如 NullPointerException(空指针异常)、IndexOutOfBoundsException(下标越界异常)等。这些异常是不检查异常,即程序中

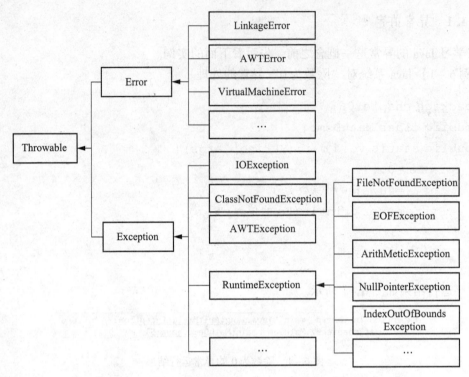

图 6-2 Java 异常类的层次结构

可以选择捕获处理,也可以不处理。这些异常一般是由程序逻辑错误引起的,因此,从逻辑角度程序应该尽可能避免这类异常的发生。运行时异常的特点是 Java 编译器不会检查它,也就是说,当出现这类异常时,即使没有用 try-catch 语句捕获它,也没有用 throws 子句声明抛出它,程序也会编译通过。

非运行时异常(编译异常)是 RuntimeException 以外的异常,但都属于 Exception 类及其子类。从程序语法角度讲,非运行时异常是必须进行处理的异常,如果不处理,程序就不能编译通过,如 IOException、SQLException 等以及用户自定义的 Exception 异常,一般情况下不自定义检查异常。表 6-1、表 6-2 和表 6-3 分别列举了 RuntimeException 子类、IOException 异常和其他常见异常及其产生的主要原因。

表 6-1 RuntimeException 子类中的异常

序号	异常类	产生原因
1	java.lang.ArrayIndexOutOfBoundsException	数组索引越界异常。当对数组的索引值为负数或大于等于数组大小时抛出
2	java.lang.ArithMeticException	算术条件异常。例如:整数除零等
3	java.lang.NullPointerException	空指针异常。当应用程序试图在要求使用对象的地方使用 null 时,抛出该异常。例如:调用 null 对象的实例方法、访问 null 对象的属性、计算 null 对象的长度、使用 throw 语句抛出 null 等

续表

序号	异常类	产生原因
4	java. lang. ClassNotFoundException	找不到类异常。当应用程序试图根据字符串形式的类名构造类,而在遍历 CLASSPAH 之后找不到对应名称的 class 文件时,抛出该异常
5	java. lang. NegativeArraySizeException	数组长度为负异常
6	java. lang. ArrayStoreException	数组中包含不兼容的值抛出的异常
7	java. lang. SecurityException	安全性异常
8	java. lang. IllegalArgumentException	非法参数异常

表 6 – 2 IOException 异常

序号	异常类	产生原因
1	IOException	操作输入流和输出流时可能出现的异常
2	EOFException	文件已结束异常
3	FileNotFoundException	文件未找到异常

表 6 – 3 其他异常

序号	异常类	产生原因
1	ClassCastException	类型转换异常类
2	ArrayStoreException	数组中包含不兼容的值抛出的异常
3	SQLException	操作数据库异常类
4	NoSuchFieldException	字段未找到异常
5	NoSuchMethodException	方法未找到抛出的异常
6	NumberFormatException	字符串转换为数字抛出的异常
7	StringIndexOutOfBoundsException	字符串索引超出范围抛出的异常
8	IllegalAccessException	不允许访问某类异常
9	InstantiationException	当应用程序试图使用 Class 类中 newInstance( ) 方法创建一个类的实例,而指定的类对象无法被实例化时,抛出该异常

6.2 异常处理

如果程序在执行代码时发生了异常,程序会按照预定的处理方法对异常进行处理,异常处理完毕后,程序继续运行。

6.2.1 异常处理机制

微课:异常处理

Java 的异常处理机制为程序提供了处理异常的能力。所谓异常处理,就是在程序中预先想好对异常的处理办法,当运行出现异常时,程序对异常进行处理,处理完毕后,程序继续执行。

在 Java 应用程序中,异常处理机制由抛出异常和捕获异常组成。在异常处理机中,异常被看作对象,但必须是 Throwable 类及其子类所产生的实例对象。Java 创建异常对象后,会将其发送给 Java 程序,这个动作称为抛出(throw)异常,程序捕捉到这个异常后,可以为该异常编写异常处理代码;当程序得到异常对象时,系统将会寻找处理异常的方法,然后把当前异常对象交给该方法处理,这一过程称为捕获(catch)异常。如果没有可以主动捕获异常的方法,系统将终止,程序将退出运行状态。

6.2.2 捕获异常

在 Java 中,可以通过 try/catch/finally 语句捕获异常。其一般语法形式为:

```
try{
    //可能会发生异常的程序代码
}catch(Type1 id1){
    //捕获并处理 try 抛出的第 1 个异常类型
}catch(Type2 id2){
    //捕获并处理 try 抛出的第 2 个异常类型
}
    //多个异常捕获并处理的异常
    //捕获并处理 try 抛出的第 n 个异常类型
finally{
    //无论是否发生异常,都将执行的语句块
}
```

try 块:用于捕获异常,其后可接零个或多个 catch 块,如果没有 catch 块,则必须跟一个 finally 块。

catch 块:用于处理 try 块捕获到的异常。一个 try 块可能有多个 catch 块,此时程序执行第一个匹配块,即 Java 虚拟机会把实际抛出的异常对象依次和各个 catch 代码块声明的异常类型匹配,如果异常对象为某个异常类型或其子类的实例,程序就执行这个 catch 代码块,不再执行后续的 catch 代码块。

finally 块:无论是否捕获或处理异常,finally 块里的语句都会被执行。当程序在 try 块或 catch 块中遇到 return 语句时,finally 语句块将在方法返回之前被执行。

try、catch、finally 语句块的执行顺序:

①当 try 没有捕获到异常时,try 语句块中的语句被逐一执行,程序将跳过 catch 语句块,

执行 finally 语句块和其后的语句。

②当 try 语句块里的某条语句捕获到异常,而没有处理此异常的 catch 语句块时,此异常将会抛给 JVM 处理,finally 语句块里的语句还是会被执行,但 finally 语句块后的语句不会被执行。

③当 try 捕获到异常,并且 catch 语句块里有处理此异常的语句时,程序在 try 语句块中是按照顺序来执行的。当执行到某一条语句出现异常时,程序将跳到 catch 语句块,并与 catch 语句块逐一匹配,直到找到与之对应的处理程序,而其他的 catch 语句块将不会被执行。在 try 语句块中,出现异常之后的语句不会被执行,catch 语句块执行完后,程序执行 finally 语句块里的语句,最后执行 finally 语句块后的语句。

> **提醒:**
> ①必须在 try 之后添加 catch 或 finally 块。try 块后可同时接 catch 和 finally 块,但至少有一个块。
> ②必须遵循块顺序:若代码同时使用 catch 和 finally 块,则必须将 catch 块放在 try 块之后。
> ③可嵌套 try/catch/finally 结构。

1. try/catch 捕获异常

Java 程序在运行过程中如果出现异常,将创建异常对象,系统将寻找匹配的 catch 子句来捕获异常。若有匹配的 catch 子句,则程序运行其异常处理代码,并以 try/catch 语句结束,其他的 catch 子句不再有匹配和捕获异常的机会。

【例 6-2】捕捉 throw 语句抛出的"除数为 0"异常。

```
package chapter06;
public class  DevidedbyZeroException{
    public static void main(String[]args){
    int a=6;
        int b=0;
        try{
            if(b==0)          //两个"=="判断相等
              throw new ArithmeticException();
            //通过 throw 语句抛出异常
            System.out.println("a/b 的值是:"+a/b);
        }
        catch(ArithmeticExceptione){        //catch 捕捉异常
            System.out.println("程序出现异常,变量 b 不能为 0。");
        }
        System.out.println("程序正常结束。");
    }
}
```

程序运行结果为:

程序出现异常,变量 b 不能为 0。
程序正常结束。

例 6-2 中 try 语句块通过 if 语句进行判断,当"除数为 0"的错误条件成立时引发 ArithmeticException 异常,创建 ArithmeticException 异常对象,并由 throw 语句将异常抛给 Java 运行时的系统。系统寻找匹配的异常处理器 catch 并运行相应异常处理代码,打印输出"程序出现异常,变量 b 不能为 0。", try/catch 语句结束,程序继续运行。

事实上,"除数为 0"等 ArithmeticException 是 RuntimException 的子类。运行时异常将由系统自动抛出,不需要使用 throw 语句。例 6-2 try 语句块中,若将 if 语句去掉,程序运行时会出现"除数为 0"错误,从而引发 ArithmeticException 异常,运行时系统创建异常对象,然后匹配合适的异常处理器 catch,并执行相应的异常处理代码。

如例 6-1 所示,如果不捕捉也不声明抛出运行时异常,程序会自动出现错误提示:

```
Exception in thread"main"java.lang.ArithmeticException:/by zero
    at chapter06.MathDemo.main(MathDemo.java:5)
```

2. 多重 catch 捕获异常

对于有多个 catch 子句的异常程序,应该尽量将捕获底层异常类的 catch 子句放在前面,同时尽量将捕获相对高层的异常类的 catch 子句放在后面,否则,捕获底层异常类的 catch 子句将可能会被屏蔽。例如:RuntimeException 异常类包括各种常见的运行时异常,ArithmeticException 类和 ArrayIndexOutOfBoundsException 类都是它的子类,因此,RuntimeException 异常类的 catch 子句应该放在最后面,否则可能会屏蔽其后的特定异常处理或引起编译错误。

【例 6-3】多重 catch 举例。

```
package chapter06;
import java.util.*;
import java.util.Scanner;
public class CalculateException{
public static void main(String[]args){
int result[] = {0,1,2};
int operand1 = 0;
int operand2 = 0;
Scanner in = new Scanner(System.in);
try{
    System.out.print("请输入除数:");
    operand1 = in.nextInt();
    System.out.print("请输入被除数:");
```

```
        operand2 = in.nextInt();
        result[2] = operand2/operand1;
        System.out.println("计算结果:" + result[3]);
    }catch(InputMismatchExceptionie){        //类型不匹配异常
        System.out.println("异常:输入不为数字!");
    }catch(ArithmeticException ae){          //算术异常
        System.out.println("异常:除数不能为零!");
    }catch(ArrayIndexOutOfBoundsException aie){  //数组下标越界异常
        System.out.println("异常:数组索引越界!");
    }catch(Exception e){
        System.out.println("其他异常:" + e.getMessage());
    }
  }
}
```

程序运行结果为:

```
请输入除数:2
请输入被除数:8
异常:数组索引越界!
```

如输入为非 int 类型,将会产生 InputMismatchException 类型不匹配异常;如果输入的除数为 0,将会产生 ArithmeticException 算术异常。

在 Java 语言中,try 语句是可以嵌套的,即一个 try 语句的代码块中可以包含另外一个 try 语句。当一个异常产生时,系统将会先检查直接抛出该异常的代码的 try 语句块,如果该语句块没有对该异常进行处理,异常将会被送到上一级的 try 语句中进行处理,直到该异常被处理为止。

【例 6-4】 try 语句的嵌套使用。

```
package chapter06;
public class TryNestDemo{
public static void main(String[]args){
    int n = 0;
    try{
        try{
            n = 20/n;           //产生 ArithmeticException 异常
        }catch(NumberFormatException e){
    System.out.println("Divided by zero!");
    System.out.println("异常在内层捕获!");
```

```
        }
    }catch(ArithmeticException e){
        System.out.println("Divided by zero!");
        System.out.println("异常在外层被捕获!");
        }
    }
}
```

程序运行结果为:

```
Divided by zero!
异常在外层被捕获!
```

3. try/catch/finally 语句

finally 语句块用来进行善后处理,完成一些资源释放、清理工作等,例如关闭 try 程序块中打开的文件、断开网络连接等。

【例 6 – 5】带 finally 子句的异常处理程序。

```
package chapter06;
public class ArrayException{
    public static void main(String args[]){
        int i =0;
        String greetings[] ={"Hello world!","Hello World!!",
            "Hello world!!!"};
        while(i <4){
        try{
            //特别注意循环控制变量 i 的设计,避免造成无限循环
            System.out.println(greetings[i + +]);
        }catch(ArrayIndexOutOfBoundsException e){
            System.out.println("数组下标越界异常");
        }finally{
            System.out.println("- - - - - - - - - - - - - - - - - - - - - - - - - - - -");
        }
        }
    }
}
```

程序运行结果为:

```
Hello world!
---------------------------
Hello World !!
---------------------------
Hello world !!!
---------------------------
数组下标越界异常
---------------------------
```

6.2.3 声明异常

声明异常是指一个方法不处理它产生的异常,而是将其向上传递交由该方法的调用者处理。换句话说,声明异常的作用是告知方法的调用者,此方法有未处理的异常,需要进行异常处理,这样,调用者就会做出相应的处理。声明异常的格式为:

[修饰符]<返回类型>方法名([参数列表])throws 异常列表

异常列表是指可以有多个异常出现,程序声明异常后,同样需要捕获和处理异常。

【例 6-6】声明异常举例。

```
package chapter06;
public class ThrowsException{
static int throwsMethod(int a,int b)
throws ArithmeticException,IndexOutOfBoundsException{
    int c[]=new int[2];
    c[0]=a;
    c[1]=b;
    //c[3]=b;        //产生 IndexOutOfBoundsException 异常
    return c[1]/c[0];        //产生 ArithmeticException 异常
    }
public static void main(String[] args){
    try{
        System.out.println(throwsMethod(0,3));
//调用 throwsMethod()方法
    }catch(ArithmeticException ae){    //捕获和处理方法上传的异常
        System.out.println("算术异常");
        ae.printStackTrace();            //调用堆栈的内容打印出来
    }catch(IndexOutOfBoundsException ie){
//捕获和处理方法上传的异常
```

```
            System.out.println("数组下标越界异常");
            ie.printStackTrace();
        }finally{
            System.out.print("捕获和处理异常结束");
        }
    }
}
```

程序运行结果如图6-3所示。

```
算术异常
java.lang.ArithmeticException: / by zero
        at chapter07.ThrowsException.throwsMethod(ThrowsException.java:8)
        at chapter07.ThrowsException.main(ThrowsException.java:12)
捕获和处理异常结束
```

图6-3 声明异常示例

6.2.4 抛出异常

程序在捕获异常前,必须有代码产生异常对象,并把它抛出。抛出异常的代码一般是Java运行时系统自动完成的,但是如果程序员需要主动抛出异常,可以通过throw语句实现。throw语句格式为:

```
throw 异常对象;
```

【例6-7】主动抛出异常。

```
package chapter06;
public class ThrowException{
    public static void main(String[]args){
        try{
            throw new NullPointerException();    //主动抛出空指针异常
        }
        catch(NullPointerException ne){          //捕获和处理异常
            System.out.println("异常");
            ne.printStackTrace();
        }finally{
            System.out.println("捕获和处理异常结束");
        }
    }
}
```

程序运行结果如图6-4所示。

```
异常
java.lang.NullPointerException
        at chapter07.ThrowException.main(ThrowException.java:7)
捕获和处理异常结束
```

图6-4 抛出异常示例

6.2.5 自定义异常类

微课：自定义异常

开发系统时，除了系统提供的异常类外，程序员往往需要自定义异常类。自定义异常类必须继承 Throwable 类或者它的子类，通常是继承 Exception 类。

在程序中使用自定义异常类，大体可分为以下几个步骤：

①创建自定义异常类。

②在方法中通过 throw 关键字抛出异常对象。

③如果在当前抛出异常的方法中处理异常，可以使用 try/catch 语句捕获并处理，否则需要在方法的声明处通过 throws 关键字指明要抛出给方法调用者的异常，继续进行下一步操作。

④在上述方法的调用者中捕获并处理异常。

【例6-8】自定义异常。

```java
package chapter06;
class SelfDefineException extends Exception{      //自定义异常类
    public SelfDefineException(){
    super();
    }
    public SelfDefineException(String str){
    super(str);
    }
}
class Cal{
static void sqrt(double d)throws SelfDefineException{
    if(d<0){
        throw new SelfDefineException ("负数不能求平方根,请仔细检查!");
        //抛出自定义异常
    }else{
        System.out.println(d+"的平方根为:"+Math.sqrt(d));
    }
}
}
```

```
public class SelfExceptionDemo{
  public static void main(String[]args){
    try{
        Cal.sqrt(4);
        Cal.sqrt(-4);              //抛出自定义异常
    }catch(SelfDefineException se){  //捕获和处理自定义异常
        System.out.print("异常");
        se.printStackTrace();
    }finally{
        System.out.println("捕获和处理异常结束");
    }
  }
}
```

程序运行结果如图6-5所示。

```
4.0的平方根为：2.0
异常chapter07.SelfDefineException: 负数不能求平方根，请仔细检查！
        at chapter07.Cal.sqrt(SelfExceptionDemo.java:15)
        at chapter07.SelfExceptionDemo.main(SelfExceptionDemo.java:26)
捕获和处理异常结束
```

图6-5 自定义异常示例

6.3 案例分析

6.3.1 案例情景——身份证验证程序

在Java应用程序中输入姓名、性别及身份证号，当身份证长度不等于18时，程序将产生异常。

微课：异常处理案例

6.3.2 运行结果

运行结果如图6-6所示。

```
请输入姓名：陈风
请输入性别：女
请输入身份证号：510211199345543
身份证长度应为18！
========结果输出============
该生身份证号为：陈风
该生身份证号为：女
该生身份证号为：null
```

图6-6 身份证验证程序效果图

6.3.3 实现方案

1. 案例分析

①定义 Person 类，Person 类有姓名（name）、性别（sex）、身份证号（id）三个属性，同时定义三个方法 setName( )、setSex( )、setID( )来完成信息的初始化；

②setID( )方法里抛出异常 IllegalArgumentException；

③定义主类 IDExceptionProject，完成捕获和处理异常的操作。

2. 参考程序代码

```java
package chapter06;
import java.util.*;
public class IDExceptionProject{
    public static void main(String[] args){
        Person per = new Person();
        Scanner in = new Scanner(System.in);
        try{
            System.out.print("请输入姓名:");
            String pername = in.next();
            per.setName(pername);
            System.out.print("请输入性别:");
            char persex = in.next().charAt(0);
            per.setSex(persex);
            System.out.print("请输入身份证号:");
            String perid = in.next();
            per.setId(perid);
        }catch(IllegalArgumentException ie){   //捕获和处理异常
            System.out.println(ie.getMessage());
        }finally{
            System.out.println("========结果输出===========");
            System.out.println("该生身份证号为:" + per.name);
            System.out.println("该生身份证号为:" + per.sex);
            System.out.println("该生身份证号为:" + per.id);
        }
    }
}
class Person{
    String id;
    String name;
```

```
char sex;
public void setName(String name){
    this.name=name;
}
public void setSex(char sex){
    this.sex=sex;
}
public void setId(String id){
    if(id.length()==18){   //判断身份证号码的长度是否为18
        this.id=id;
    }else{
        throw new IllegalArgumentException("身份证长度应为18!");  //抛出异常
    }
}
}
```

6.4 任务训练——异常及其处理

6.4.1 训练目的

（1）掌握 Java 语言中异常的概念；
（2）掌握 try/catch/finally 语句块处理异常；
（3）掌握自定义异常。

6.4.2 训练内容

1. 完成正文中各段代码的程序效果的演示。
2. 完成思考与练习中程序的编写与调试。
3. 编写一个程序，模拟拨打 10086 语音播报过程。

【解题思路】
（1）利用 Scanner 完成控制台 int 变量的输入。
（2）利用 switch 语句完成各变量的比较。
（3）利用 try/catch/finally 完成 10086 语音播报过程。

【程序效果】

第 6 章 异常处理

```
请输入1~3之间的数字：
2
修改密码
欢迎致电10086
```

【参考程序】

```java
package chapter06;
import java.util.Scanner;
public class TryCatchNum{
    public static void main(String[]args){
    System.out.println("请输入1~3之间的数字:");
    Scanner input = new Scanner(System.in);
    try{
        int num = input.nextInt();
        switch(num){
            case1:
                System.out.println("查询余额");
                break;
            case2:
                System.out.println("修改密码");
                break;
            case3:
                System.out.println("修改资费");
                break;
        }
    }catch(Exception ex){
        System.out.println("输入不符合要求,请输入数字!");
        ex.printStackTrace();
    }finally{
        System.out.println("欢迎致电10086");
    }
    }
}
```

6.5 知识拓展

1. 问：当有多个 catch 子句时，其放置位置有何要求？

答：当程序中有多个 catch 子句处理不同的异常时，必须从特殊到一般，即最后一个一般都是 Exception 类。如果前面 catch 子句捕获的异常类是后面异常类的父类，那么后面的 catch 子句将永远不可达。

2. 问：throw 和 throws 有何不同？

答：throws 是复数，声明异常的关键字，且其后可以有 1 个或多个异常，构成异常列表；throw 是单数，抛出异常的关键字。

思考与练习

一、选择题

1. 异常是产生一个（　　）。
   A. 类　　　　　　B. 对象　　　　　　C. 方法　　　　　　D. Error
2. 下列语句中，（　　）是用来捕获和处理异常的。
   A. try/catch　　　B. try/finally　　　C. catch　　　　　　D. finally
3. 直接抛出异常的格式为（　　）。
   A. catch(Exception e)　　　　　　B. try{
   C. throw new Exception()　　　　D. throws new Exception()
4. 在异常处理中，将可能抛出异常的方法放在（　　）语句块中。
   A. throws　　　　B. catch　　　　C. try　　　　　　D. fianlly
5. 下面属于 Java 异常的是（　　）。
   A. JVM 系统内部错误　　　　　　B. 资源耗尽
   C. 对负数开平方根　　　　　　　D. 以上都不是

二、编程题

1. 用 try/catch/finally 结构编写程序，依次显示 ArithmeticException 异常、ArrayIndexOutOfBoundsException 异常和 Exception 异常的信息。
2. 解释用户自定义异常及应用。

第7章

输入/输出及文件处理

【知识点】字节流 InputStream 和 OutputStream；字符流 Reader 和 Writer；标准输入和输出流；文件的顺序和随机访问。

【能力点】掌握输入/输出流的使用和文件的访问操作。

【学习导航】

输入/输出技术对程序运行过程中的信息保存是非常重要的。本章内容在 Java 程序开发能力进阶必备中的位置如图 7-0 所示。

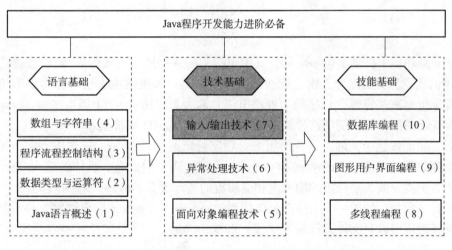

图 7-0 本章学习导航

在 Java 中，所有的 I/O 都是以数据流的形式进行处理的。Java 提供了处理各种数据的数据流，它们可以分为字节数据流和字符数据流。除了输入/输出技术，本章还介绍了文件的访问操作。

7.1 输入/输出流概念

微课：输入输出流

流是按一定顺序排列的数据的集合，在 Java 中，所有输入和输出都被当作流来处理。例如，字符文件、声音文件或图像文件等都可以看作是数据流。输入数据时，程序打开数据源上的一个流（文件或内存等），然后按顺序输入这个流中的数据，具体过程如图 7-1（a）

所示，这样的流称为输入流。输出数据时，程序打开一个目的地的流，然后按顺序从程序向这个目的地输出数据，如图7-1（b）所示，这样的流称为输出流。输入和输出的方向是以程序为基准的，向程序输入数据的流定义为输入流，从程序输出数据的流定义为输出流。同样，从输入流中向程序中输入数据称为读数据（read），从程序中将数据输出到输出流中称为写数据（write）。

图7-1 输入流和输出流

无论是读数据还是写数据，也不管数据流是何种类型，其算法都是基本相同的，其具体步骤一般为：

①打开一个流，while（数据存在时）读数据或写数据；
②关闭流。

7.2 输入/输出流类

Java 开发环境中提供了包 java.io，其中包括了一系列用来实现输入/输出处理的类。Java 语言中的流，从功能上分为输入流和输出流两大类；从流结构上也可分为字节流（以字节为处理单位）和字符流（以字符为处理单位）两大类。在 JDK1.1 版本之前，java.io 包中的流只有普通的字节流，使用这种流来处理 16 位的 Unicode 字符很不方便，所以从 JDK1.1 版本之后，java.io 包中又加入了专门用来处理字符流的类。在 java.io 包中，字节流的输入流和输出流的基础类是 InputStream 和 OutputStream 这两个抽象类，具体的输入/输出操作由这两个类的子类完成；字符流的输入流和输出流的基础类是 Reader 和 Writer 这两个抽象类。另外，还有一个特殊的类——文件随机访问类 RandomAccessFile，它允许对文件进行随机访问，而且其对象可以对文件进行输入（读）和输出（写）操作。

7.2.1 字节流的 InputStream 类和 OutputStream 类

1. InputStream 类

InputStream 类可以完成最基本的从输入流读取数据的功能，是所有字节输入流的父类，它的多个子类如图2-2所示。根据输入数据形式的不同，可以创建一个适当的 InputStream 类的子类对象来完成输入。

这些子类对象也继承了 InputStream 类的方法，其中常用的方法有：

（1）读数据的方法

● int read()：从输入流中读取一个字节，返回此字节的 ASCII 码值，其范围在 0~255 之间，该方法的属性为 abstract，因此必须被子类实现。

● int read（byte[] b）：从输入流中读取长度为 b.length 的数据，写入字节数组 b 中，并返回读取的字节数。

● int read (byte[ ] b, int off, int len): 从输入流中从索引 off 开始的位置读取长度为 len 的数据,写入字节数组 b 中,并返回读取的字节数。

● int available(): 返回从输入流中可以读取的字节数。

● long skip (long n): 从输入流当前读取位置向前移动 n 个字节,并返回实际跳过的字节数。

(2) 标记和关闭流的方法

● void mark (int readlimit): 在输入流的当前读取位置作标记,从该位置开始读取由 readlimit 所指定的数据后,标记失效。

● void reset(): 重置输入流的读取位置为方法 mark() 所标记的位置。

● Boolean markSupported(): 判断输入流是否支持方法 mark() 和 reset()。

● void close(): 关闭并且释放与该流相关的系统资源。

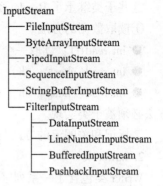

图 7-2 InputStream 类

2. OutputStream 类

OutputStream 类可以完成最基本的输出数据的功能,是所有字节输出流的父类,它的多个子类如图 7-3 所示。根据输出数据形式的不同,可以创建一个适当的 OutputStream 类的子类对象来完成输出。

这些子类对象也继承了 OutputStream 类的方法,其中常用的方法有:

(1) 输出数据的方法

● void write (int b): 将指定的字节 b 写入输出流。该方法的属性为 abstract,必须被子类所实现。参数中的 b 为 int 类型,如果 b 的值大于 255,则只输出它的低位字节所表示的值。

● void write (byte[ ] b): 把字节数组 b 中的 b.length 个字节写入输出流。

● void write (byte[ ] b, int off, int len): 把字节数组 b 中从索引 off 开始的 len 个字节写入输出流。

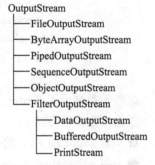

图 7-3 OutputStream 类

(2) 刷新和关闭流的方法

● flush(): 刷新输出流,并输出所有被缓存的字节。

● close(): 关闭输出流,也可以由运行时系统在对流对象进行垃圾收集时隐式关闭输出流。

7.2.2 字符流的 Reader 和 Writer 类

1. Reader 类

Reader 类包含了许多字符输入流的常用方法,是所有字符输入流的父类。根据需要输入的数据的不同类型,可以创建适当的 Reader 类的子类对象来完成输入操作。Reader 类的类层次结构如图 7-4 所示。

· 165 ·

这些子类继承了 Reader 类的常用方法，这些方法有：
①读取数据的方法。
- int read()：读取一个字符。
- int read(char[] ch)：读取一串字符放到数组 ch[] 中。
- int read(char[] ch, int off, int len)：读取 len 个字符到数组 ch[] 的索引 off 处，该方法必须被子类实现。

②标记和关闭流的方法与 InputStream 类相同，不再赘述。

2. Writer 类

Writer 类包含了一系列字符输出流需要的方法，可以完成最基本的输出数据到输出流的功能，是所有字符输出流的父类。根据输出数据的类型不同，可以创建适当的 Writer 类的子类对象来完成数据的输出。Writer 类的类层次结构如图 7-5 所示。

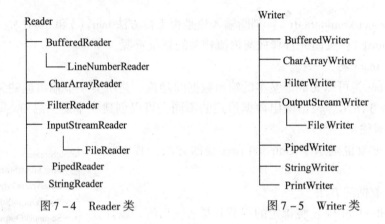

图 7-4 Reader 类　　　　　　图 7-5 Writer 类

这些子类继承了 Writer 类的常用方法，这些方法有：
①输出数据的方法。
- void write(int c)：将指定的整型值 c 的低 16 位写入输出流。
- void write(char[] ch)：将字符数组 ch 中的 ch.length 个字符写入输出流。
- void write(char[] ch, int off, int len)：将数组 ch 中从索引 off 处开始的 len 个字符写入输出流。

②刷新和关闭流的方法与 OutputStream 类相似，不再赘述。

7.3 标准输入/输出

在一般的应用程序中，需要频繁地向标准输出设备，即显示器输出信息，或者频繁地从标准输入设备如键盘输入信息。如果每次在标准输入或输出前都建立流对象，显然是低效和不方便的。因此，Java 语言预先定义了 3 个流对象，它们分别表示标准输入、标准输出和标准错误。其中，标准输入 System.in 作为 InputStream 类的一个实例来实现，标准输出 System.out 作为 PrintStream 类的实例来实现，标准错误 System.elf 也属于 PrintStream 类的实例。

7.3.1 标准输入流

标准输入 System.in 作为 InputStream 类的一个实例,可以使用 read() 和 skip(longn) 两个方法来实现。read() 实现从输入中读一个字节,skip(long n) 实现在输入中跳过 n 个字节。但是这样只能一次输入一个字节,有时候不方便,所以会用到 BuffedReader 和 InputStreamReader 流,前者用来缓冲输入的字符,后者用来将字节转换为字符。

【例 7-1】实现从输入流中读一个字节。

```
package chapter07;
import java.io.*;
public class SysRead
{
    public static void main(String args[]) throws IOException
        //read()方法会产生异常,所以 main()方法头部用 throws 抛出异常
    {
        char a;
        System.out.print("输入一个字符:");
        a = (char)System.in.read();
            //read()方法的返回值是 ASCII 码,所以用(char)进行强制类型转换
        System.out.println("输入的字符是:" + a);
    }
}
```

程序运行结果为:

```
输入一个字符:a
输入的字符是:a
```

7.3.2 标准输出流

标准输出就是我们熟悉的 System.out,几乎每一个 Java 应用程序中都会用到它。

【例 7-2】输出整型变量和字符串的值。

```
package chapter07;
import java.io.*;
public class SysWrite{
    public static void main(String args[]){
        int i = 5;
```

```
            System.out.println("i = " + i);
            String s = "Java language";
            System.out.println("s = " + s);
        }
}
```

程序运行结果为：

```
i = 5
s = Java language
```

7.3.3 标准错误输出流

类变量 err 被定义为 public static final PrintStream err，这个流一般对应显示器输出，而且已经处于打开状态，可以使用 PrintStream 类的方法进行输出。

7.4 常用的文件处理

在输入/输出操作中，最常见的是对文件的操作。对此，java.io 包中的 File 类提供了与平台无关的方法来描述目录和文件对象的属性。

7.4.1 文件的顺序访问

在进行输入/输出操作时，经常会遇到对文件进行顺序访问的问题，对文件进行顺序访问时的一般步骤为：

微课：文件

①使用引用语句引入"java.io"包，即"import java.io.*"；
②根据数据源和输入/输出任务的不同，建立相应的文件字节流（FileInputStream 类和 FileOutputStream 类）或字符流（FileReader 类和 FileWriter 类）对象；
③选定类之后创建该类的对象，创建对象时一般是通过传入该类构造器的参数来建立流连接；
④完成读和写的操作，一般这些类当中都有 read() 或者 write() 方法，一个是读入流的方法，一个是写入流的方法；
⑤关闭流对象。

【例 7-3】使用字符流顺序访问文件。

```java
package chapter07;
import java.io.*;
public class FileIo{
    private String strtemp;//中间变量strtemp用于存储每一行数据
    private String strfinal=new String();
    //变量strfinal用于存储每一行数据连接后的结果
    public static void main(String[]args)throws IOException{
    FileIo obj=new FileIo();
    obj.open("FileIo.java");    //调用打开文件方法
    obj.saveAs("FileIo.txt");   //调用另存为方法
    }
    public void open(String filename){
    try{
        BufferedReader in = new BufferedReader(new FileReader(filename));
        while((strtemp=in.readLine())!=null)//读取每一行数据
            strfinal=strfinal+strtemp+"\n";
            //把每一行数据连续存储在strfinal中
        in.close();
        }catch(IOException e){}
    }
    public void saveAs(String filename){
    try{
        BufferedReader in = new BufferedReader(new StringReader(strfinal));
        PrintWriter out = new PrintWriter(new BufferedWriter(new FileWriter(filename)));
        int lineCount=1;
        while((strtemp=in.readLine())!=null)
        //判断只要还有数据,循环就继续执行
            out.println(lineCount+++":"+strtemp);
            //行号+内容
    in.close();
    out.close();
    }catch(IOException e){}
    }
}
```

程序运行结果如图7-6所示。

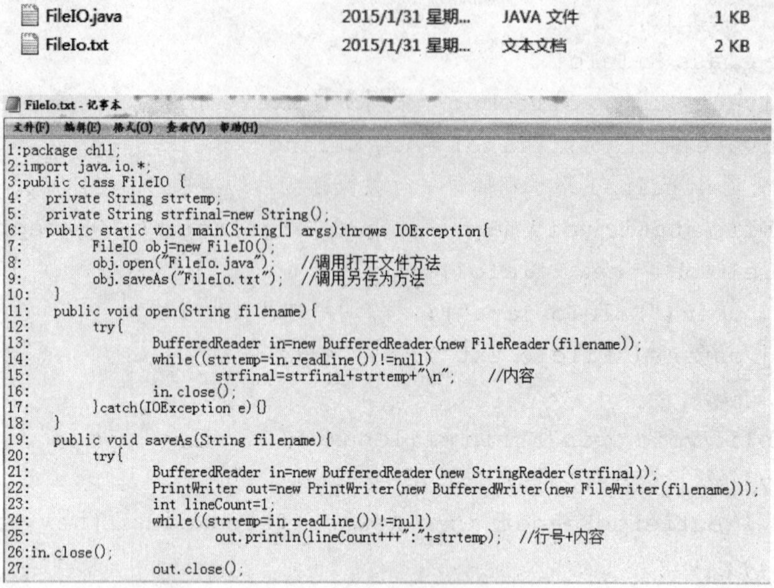

图7-6 字符流顺序访问文件时的效果图

7.4.2 文件的随机读写

在访问文件时，不一定都是从文件头到文件尾顺序地进行读/写，也可以将文本文件作为一个类似于数据库的文件，读完一个记录后可以跳转到另一个记录（这些记录在文件的不同位置），或者可以对文件同时进行读和写的操作等。

Java提供的RandomAccessFile类可以对文件进行随机访问，它直接继承了Object类，并且实现了DataInput和DataOutput接口，因此它的常用方法与DataInputStream类和DataOutputStream类相似，主要包括从流中读取基本数据类型的数据、读取一行数据或者读取指定长度的字节数等。

构造方法：

● RandomAccessFile(File file, String mode)：使用文件对象file和访问文件的方式mode创建随机访问文件对象。

● RandomAccessFile(String name, String mode)：使用文件绝对路径name和访问文件的方法mode创建随机访问文件对象。

RandomAccessFile类有如下4个用来控制文件访问权限的选项：

① "r" 表示文件只读，如果试图进行写操作，将引发异常IOException。

② "rw" 表示文件可读可写，如果文件不存在，将会先创建该文件。

③ "rws" 表示文件可读可写，并且要求每次更改文件内容或元数据（Metadata）时，将更改的内容同步写到存储设备中。

④ "rwd" 表示文件可读可写，并且要求每次更改文件内容时，将更改的内容同步写到存储设备中。

【例7-4】 创建一个随机文件,并向其中写入数值,随后修改其中某个输出的值。

```java
package chapter07;
import java.io.*;
public class RandomIODemo{
    public static void main(String args[])throws IOException{
    RandomAccessFile rf = new RandomAccessFile("rtest.dat","rw");
    //创建一个随机文件,开放读写权限
    for(int i =0;i <8;i + +)//往其中写8个double型数值
    rf.writeDouble(i * 3.14);
    rf.close();//关闭文件
    rf = new RandomAccessFile("rtest.dat","rw");
    //使用时打开文件,并开放读写权限
    //定位到文件第40个字节之后,一个double数值占8个字节
    rf.seek(5 * 8);
    rf.writeDouble(33.333);//并修改其内容
    rf.close();//关闭文件
    rf = new RandomAccessFile("rtest.dat","r");//以只读形式打开文件
    for(int i =0;i <8;i + +)//以相同的格式输出文件内容
        System.out.print(rf.readDouble() + "\t");
    rf.close();//关闭文件
    }
}
```

程序运行结果为:

```
0.0   3.14   6.28   9.42   12.56   33.333   18.84   21.98
```

7.4.3 目录和文件管理

Java 中提供了三种创建方法来生成一个文件对象或者目录。
① 根据参数指定的文件路径来创建一个 File 文件对象。

```
File file1 = new File("d:\abc\123.txt");
```

② 根据给定的目录来创建一个 File 实体对象,其中"d:\abc"为目录的路径,"123.txt"为文件的名称。

```
File file2 = new File("d:\abc","123.txt");
```

③根据已知的目录文件对象 File 来创建一个新的 File 实体对象。

```
File file3 = new File("file2","123.txt");
```

需要说明的是,这三种方法只是生成一个文件对象,并没有生成真正的文件,如果要生成实体的文件,就需要调用 createNewFile() 方法。

【例 7-5】在 d 盘的 abc 文件夹下创建一个 123.txt 的文件。

```
package chapter07;
import java.io.*;
public class CreateFile{
    public static void main(String args[]){
    File f1 = new File("d:\abc\123.txt");//注意转义字符
    System.out.println(f1);   //输出
    try{
        f1.createNewFile();
    }catch(IOException  e){  }
}
}
```

程序运行结果为:

```
d:\abc\123.txt
```

7.5 案例分析

利用本章所学的文件处理的相关知识完成一个具有一定功能的综合实例。

微课:文件复制

7.5.1 案例情景——读取文件到内存,在修改后输出

一个很常见的程序化任务就是读取文件到内存,对其加以修改,然后再输出。Java I/O 类库的问题之一就是它需要编写相当多的代码去执行这些常用操作,没有任何基本的帮助功能可以实现这一切。因此,实现一个帮助类就显得相当有意义,这样就可以很容易地完成这些基本任务。

7.5.2 运行结果

程序运行的结果如图 7-7 所示(工程所在目录下)。

图 7-7 程序运行结果

7.5.3 实现方案

1. 案例分析

①静态方法 read( ) 用来将文件内容转换成字符串；
②静态方法 write( ) 用来把保存在字符串中的内容写入到文件；
③在 main( ) 方法中使用上述两个方法来完成文件读取和写出工作。

2. 参考程序代码

```java
package chapter07;
import java.io.*;
public class FileUtils{
    public static String read(String fileName)throws IOException{
        StringBuffer sb=new StringBuffer();
        BufferedReader in = new BufferedReader (new FileReader(fileName));
        String s;
        while((s=in.readLine())!=null){
            sb.append(s);
            sb.append("\n");
        }
        in.close();
        return sb.toString();
    }
    public static void write (String fileName,String text) throws IOException{
        PrintWriter out = new PrintWriter(new BufferedWriter(new FileWriter(fileName)));
        out.print(text);
        out.close();
    }
    public static void main(String[]args){
        try{
```

```
            StringBuffer sb = new StringBuffer();
            String[]content = read("FileUtils.java").split("\n");
            for(int i = 0;i < content.length;i + +){
                sb.append((i +1) + ":" + content[i]);
                sb.append("\n");
            }
            write("NewFile.txt",sb.toString());
        }catch(Exception e){
            e.printStackTrace();
        }
    }
}
```

7.6 任务训练——文件访问

7.6.1 训练目的

(1) 掌握文件访问的含义;
(2) 掌握文件的顺序访问;
(3) 掌握文件的随机访问;
(4) 掌握文件的读写方法。

7.6.2 训练内容

1. 完成正文中各段代码的程序效果的演示。
2. 完成思考与练习中程序的编写与调试。
3. 编写一个程序,把几个 int 型整数写入到名为 tom.dat 的文件中,然后按与写入相反顺序读出这些数据。

【程序效果】

```
10,9,8,7,6,5,4,3,2,1
```

【解题思路】
(1) 利用 RandomAccessFile( )方法完成文件可读可写的权限设置;
(2) 利用 writeInt( )完成文件的写入;
(3) 利用 seek( )方法完成数据的查找和读取。

【参考程序】

```
package chapter07;
import java.io.*;
public class Example
{
public static void main(String args[])
{
RandomAccessFile in_and_out = null;
int data[] = {1,2,3,4,5,6,7,8,9,10};   //数据内容事先写入
    try{
        in_and_out = new RandomAccessFile("tom.dat","rw");
          //可读可写
        }
    catch(Exception e){  }
    try{
        for(int i = 0;i < data.length;i + +){
            in_and_out.writeInt(data[i]);    //写入
            }
        for(long i = data.length -1;i > =0;i - -){
        //一个 int 型数据占 4 个字节
        in_and_out.seek(i* 4);
        //文件的第 36 个字节读取最后面的一个整数
        //每隔 4 个字节往前读取一个整数
            System.out.print(in_and_out.readInt() +",");   //输出
            }
    in_and_out.close();
    }catch(IOException  e){  }
}
}
```

4. 编写一个程序，实现向 "e:\zhang.txt" 文件中追加一段文本。

【程序效果】

效果如图 7-8 所示。

图 7-8 程序运行效果

【解题思路】

(1) 在计算机 e 盘根目录下创建 zhang.txt 的空白文件;
(2) 利用 RandomAccessFile() 完成对文件的可读写权限设置;
(3) 定义追加的信息 (如: Happy new year!);
(4) writeBytes() 完成文件的追加操作。

【参考程序】

```
package chapter07;
import java.io.*;
public class Example2{
  public static void main(String args[])throws IOException{
    RandomAccessFile my = new RandomAccessFile("e://zhang.txt","rw");
    String s ="Happy new year! \n";   //添加的信息
    my.seek(my.length());
    my.writeBytes(s);
    my.close();
  }
}
```

7.7 拓展知识

1. 问: File 类的方法有哪些?
答: 见表 7-1。

表 7-1　File 类的相关方法

序号	方法	返回值	参数	说明
1	canRead	boolean	无	检查文件里的数据是否可读
2	canWrite	boolean	无	检查是否可以写入数据到文件中
3	compateTo	int	File	比较两个文件的名称顺序
4	createNewFile	boolean	无	产生一个空的文件
5	createTempFile	File	文件名1、文件名2	建立指定的文件,文件名由两个参数组成
6	delete	boolean	无	删除文件
7	deleteOnexit	无	无	程序结束时执行删除
8	exists	boolean	无	文件是否存在

续表

序号	方法	返回值	参数	说明
9	getAbsolutePath	String	无	返回绝对路径
10	getName	String	无	取得文件名或目录名
11	getParent	String	无	取得上一级路径
12	getPath	String	无	取得文件名或目录名
13	isAbsolute	boolean	无	判断是否为绝对路径
14	isDirectory	boolean	无	判断是否为一个目录
15	isFile	boolean	无	判断是否为一个文件
16	isHidden	boolean	无	判断文件或目录是否隐藏
17	lastModified	long	无	文件最后修改的时间
18	Length	long	无	文件的大小,以字节为单位
19	List	String 数组	无	当前目录下的所有文件和子目录
20	listFiles	File 数组	无	返回文件对象数组
21	listRoots	File 数组	无	返回所有的根目录
22	mkdir	boolean	无	建立目录
23	Mkdirs	boolean	无	建立目录,即使上一级目录不存在,也可以建立
24	renameTo	boolean	File	改名为参数名
25	setLastModified	boolean	long	文件或目录的最后修改时间
26	setReadOnly	boolean	无	设置文件或目录为只读

2. 问:RandomAccessFile 类的常用方法有哪些?

答:1) long getFilePointer() throws IOException

该方法可获取文件指针的偏移位置,磁盘 I/O 出错时,将抛出异常。

2) void seek(long pos) throws IOException

该方法可将文件指针移动到 pos 处,如果 pos < 0 或磁盘 I/O 出错时,将抛出异常。

3) long length() throws IOException

该方法可获取文件的长度,磁盘 I/O 出错时,将抛出异常。

4) void close() throws IOException

该方法可用于关闭文件并释放相关的系统资源。

5) void setLength(long newlength) throw IOException

该方法可重新设置文件的大小。

思考与练习

一、选择题

1. 下面说法不正确的是（　　）。
A. InputStream 类和 OutputStream 类通常用来处理字节流，也就是二进制数据
B. Reader 类与 Writer 类用来处理字符流，也就是纯文本文件
C. Java 中 I/O 流的处理通常分为输入和输出两部分
D. File 类是输入/输出流类的子类

2. 下面说法正确的是（　　）。
A. InputStream 类和 OutputStream 类都是抽象类
B. Reader 类和 Writer 类不是抽象类
C. RandomAccessFile 是抽象类
D. File 类是抽象类

3. 创建一个新目录，可以使用下面的（　　）类来实现。
A. FileInputStream　　　　　　　　B. FileOutputStream
C. RandomAccessFile　　　　　　　D. File

二、读程序题

1. 运行下面的程序，若从键盘上输入 12345 后回车，程序输出的是什么？

```
package chapter07;
import java.io.*;
public class Class1{
public static void main(String args[]){
byte buffer[] = new byte[128];
    int n;
    try{
        n = System.in.read(buffer);
        for(int i = 0;i < n;i + +)
        System.out.print((char)buffer[n - i - 1]);
        }catch(IOException e){
    System.out.print(e);
        }
    }
}
```

2. 下面的程序编译运行后的输出结果是什么？（注意运行时源文件要在工程项目的目录下）

```java
package chapter07;
import java.io.*;
public class Class2{
    public static void main(String args[]){
    byte buf[]=new byte[2500];
    int b;
    try{
        FileInputStream fis=new FileInputStream("Class2.java");
        b=fis.read(buf,0,15);
        String str=new String(buf,0,b);
        System.out.print(str);
        }catch(IOException e){
        }
    }
}
```

第8章

多线程

【知识点】Thread 类；线程的状态；线程的优先级；线程的通信。

【能力点】熟练掌握多线程的创建和线程的优先级。

【学习导航】

多线程编程可最大限度地利用 CPU，避免资源浪费，从而提高效率。本章内容在 Java 程序开发能力进阶必备中的位置如图 8-0 所示。

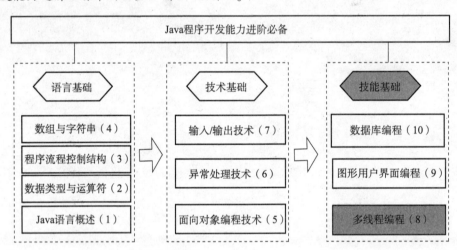

图 8-0 本章内容在 Java 程序开发能力进阶必备中的位置

现代操作系统使用线程（Thread）来提高性能，多线程能大大提高我们工作的效率。那么，究竟什么是线程呢？

8.1 多线程的基本概念

序列化程序的特点是只有一个入口、一个可执行的命令序列和一个出口。程序执行的任何时刻，都只有一个执行点。线程和序列化程序类似，只有一个入口、一个执行序列和一个出口，执行时也只有一个执行点。但是线程不是程序，它不能自己独立运行，只能在程序中执行。线程是一个程序内部的顺序控制流，即程序中的一条执行路径。当同一个程序中有多条执行路径并发执行时，就称为多线程（Multi-Thread），换句话说，在多线程中允许一个程序创建多个并发执行的路径来完成各自的任务。

在一般情况下,程序的一些部分同特定的事件或资源联系在一起,当不想为了这些部分而暂停程序其他部分的执行时,就可以考虑创建一个线程,令它与那个事件或资源关联到一起,并独立于主程序运行。通过使用线程,可以避免用户在运行程序和得到结果之间停顿,还可以让一些任务(如打印任务)在后台运行,而用户则在前台继续执行一些其他的工作。总之,利用多线程技术,编程人员可以方便地开发出能同时处理多个任务的功能强大的应用程序。

微课:多线程

8.2 多线程的实现机制

创建多线程有两种方法:继承 Thread 类和实现 Runnable 接口。在下面的小节里,将分别对这两种方法进行详细讲解。

8.2.1 继承 Thread 类

一个 Thread 类的一个实例对象就是 Java 程序的一个线程,所以 Thread 类的子类的实例对象也是 Java 程序的一个线程。因此,构造 Java 程序的线程可以通过构造类 Thread 的子类的实例对象来实现。构造 Thread 类的子类的主要目的是让线程类的实例对象能够完成线程程序所需要的功能。

微课:继承 Thread 类

通过上述方法构造出来的线程,程序执行时的代码被封装在 Thread 类或其子类的成员方法 run 中。为了完成所需要的功能,新构造出来的线程类应覆盖 Thread 类的成员方法 run()。

线程的启动或运行并不是调用成员方法 run(),而是通过调用成员方法 start()达到间接调用 run()方法的目的,线程的运行实际上就是执行线程的成员方法 run()。

直接方式创建线程的步骤如下:
①定义一个线程(Thread)子类;
②在该线程子类中定义 run()方法;
③在 run()方法中定义此线程的具体操作;
④在其他类的方法中创建此线程的实例对象,并用 start()方法启动线程。

【例 8-1】通过继承 Thread 类来创建线程,并在主控程序中同时运行两个线程,实现输出奇数和偶数的功能。

```
package chapter08;
public class Thread1 extends Thread {
    int i = 0;
    public Thread1(String name,int i){//构造方法
    super(name);
    this.i = i;
    }
    public void run(){
```

```
        int j = i;
        System.out.println("");
        System.out.print(getName() + ":");
        while(j < =20)  {
            System.out.print(j + "");
            j + =2;
        }
    }
    public static void main(String args[]){
        Thread1 t1 = new Thread1("Thread1",1);
        Thread1 t2 = new Thread1("Thread2",2);
        t1.start();
        t2.start();
        System.out.println("活动线程个数为:" + activeCount());
    }
}
```

程序运行结果为：

```
活动线程个数为:3
Thread1:Thread2:1 2 3 4 5 6 7 8 9 10 11 13 12 15 14 17 19 16 18 20
```

说明：

①本程序的运行结果会因机器性能不同而不同。

②要覆盖 Thread 类的成员方法 run()，使线程完成相应的功能。

③在 main() 方法中创建两个线程，线程被创建后不会自动执行，而需要调用 start() 方法来启动。

④main() 方法本身也是一个线程，在 main() 方法中产生并启动两个线程后，输出的活动线程个数为 3。

8.2.2 实现 Runnable 接口

微课：实现 Runnable

Java 不支持多继承性，因此，用户如果需要以线程方式运行且继承其他所需要的类，就必须实现 Runnable 接口。Runnable 接口包含了与 Thread 类一致的基本方法。事实上，Runnable 接口只有一个 run() 方法，所以实现这个接口的程序必须要定义 run() 方法的具体内容，而用户新建线程的操作也由这个方法来决定。定义好接口类后，当程序需要使用线程时，只要以这个实现了 run() 方法的类为参数来创建系统类 Thread 的对象，就可以把实现的 run() 方法继承过来。

间接方式创建线程的步骤如下：

①定义一个 Runnable 接口类；
②在此接口中定义一个 run( )方法；
③在 run( )方法中定义线程的操作；
④在其他类的方法中创建此 Runnable 接口类的实例对象，并以此实例对象作为参数来创建线程类对象。
⑤用 start( )方法启动线程。

【例 8 - 2】 使用 Runnable 接口方法创建线程和启动线程。

```
package chapter08;
    public class Thread2 implements Runnable{
    int count =1,number;
    public Thread2(int num){    //构造方法
      number =num;
      System.out.println("创建线程" +number);}
    public void run(){
      while(true)   {
        System.out.println("线程" +number +":计数" +count);
        if(++count ==3)   return;
      }
    }
    public static void main(String args[]){
      for(int i =0;i <2;i ++)
        new Thread(new Thread2(i +1)).start();
}
}
```

程序运行结果为：

```
创建线程 1
创建线程 2
线程 1:计数 1
线程 1:计数 2
线程 2:计数 1
线程 2:计数 2
```

说明：

Runnable 接口只定义了一个方法 run( )，通过声明自己的类实现 Runnable 接口并提供这一方法，将线程代码写入其中，就完成了这一部分的任务。但是 Runnable 接口并没有任何对线程的支持，还必须创建 Thread 类的实例，这一点通过 Thread 类的构造函数 public Thread（Runnable target）来实现。

8.3 线程的状态和线程的控制

Java 的线程是通过 java.lang 中的线程类 Thread 来实现的,它有一个从启动到终止的生命周期,而 Thread 封装了所有需要的线程操作控制,包括线程的运行、休眠、挂起或停止。

8.3.1 线程的状态和生命周期

一个线程从创建、启动到终止的整个过程就叫作一个生命周期,在其生命周期的任何时刻,线程总是处于某个特定的状态。这些状态共有 5 种,它们之间的转换如图 8-1 所示。

微课:线程的状态

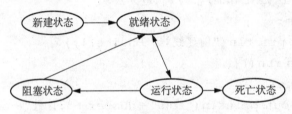

图 8-1 线程基本状态转换图

1. 新建状态

新建状态也称为新线程状态,当一个线程类的对象被创建后,产生的新线程就进入创建状态。新建状态的实现语句如下:

```
Thread  myThread = new myThreadClass();
```

这是一个空的线程对象,run()方法还没有执行。若要执行它,系统还需对这个线程进行登记并为它分配资源,这些工作由 start()方法来完成。

2. 就绪状态

该状态也叫可执行状态,当一个被创建的线程调用 start()方法后,便进入可执行状态。可执行状态对应的程序语句为:

```
myThread.start();//产生所需系统资源,安排运行,并调用 run()方法
```

此时该线程处于准备占用处理机运行的状态,即它已经被放到就绪队列中,等待执行。至于该线程何时才被真正执行,则取决于线程的优先级和就绪队列的当前状况。只有操作系统调度到该线程时,该线程才真正占用了处理机并运行 run()方法,所以这种状态并不是执行中的状态。

3. 执行状态

当处于可执行状态的线程被调度并获得了 CPU 等执行所必需的资源时,便进入到该状态,即运行了 run()方法。

4. 阻塞状态

阻塞状态又叫不可执行状态,当下面的四种情况之一发生时,线程就会进入阻塞状态:

①线程调用了 sleep() 方法。
②线程调用了 wait() 方法，为的是等待一个条件变量。
③线程调用了 suspend() 方法。
④输入/输出流中发生线程阻塞。

例如：

```
    Thread myThread = new myThreadClass();
    myThread.start();
try{
    myThread.sleep(20000);
}catch(InterruptedException e){}
```

上面的例子中程序调用了 sleep() 方法使 myThread 线程休眠了 20 s，20 s 后线程又可以恢复运行。

如果一个线程处于阻塞状态，那么这个线程将暂时无法进入就绪队列。处于阻塞状态的线程通常需要由某些事件唤醒，至于什么事件才能唤醒该线程，则取决于线程挂起的原因。上面四种情况都有特定的唤醒方法与之对应，对应方法如下：

①若调用了 sleep() 方法，线程处于睡眠状态，由于该方法的参数为睡眠时间，当这个时间过去后，线程便可以进入可执行状态。

②若线程在等待一个条件变量，只需要该条件变量所在的对象调用 notify 或 notifyAll() 方法，就可以使线程停止等待。

③若线程调用了 suspend() 方法，通过其他线程调用 resume() 方法可以恢复该线程的执行。

④若 I/O 流中发生线程阻塞，则规定的 I/O 指令可以结束这种不可执行状态。

5. 死亡状态

死亡状态又称作终止状态或停止状态，处于这种状态的线程已经不能够再继续执行了，其中的原因可能是线程已经执行完毕，被正常地撤销；也可能是线程被强制终止，例如通过执行 stop() 或 destroy() 方法来终止线程。

8.3.2 线程的控制

1. 终止线程

当一个线程终止后，其生命周期就结束了，线程便进入死亡状态。终止线程的执行可以用 stop() 方法，需要注意的是，此时并没有消灭这个线程，只是停止了线程的执行，并且这个线程不能用 start() 方法重新启动。一般情况下不用 stop() 方法终止一个线程，只是简单地让它执行完；当很多复杂的程序需要控制每一个线程时，才会用到 stop() 方法。

2. 测试线程状态

一个已经停止运行的线程是不能用 start() 方法重新启动的，因此，为了避免出错，可以 isAlive() 方法测试一个线程是否处于被激活的状态。如果一个线程已经启动而且没有停止，就认为是激活的。如果线程 t 是激活的，t.isAlive() 将返回 true，但它不能对该线程是否可运行做进一步的解释分析；如果返回 false，则该线程是新创建或已被终止的。

3. 线程的暂停和恢复

(1) sleep()方法

通过调用该方法可以使线程睡眠一段指定的时间。当线程睡眠到指定的时间后，不会立即进入执行状态，而是参与调度执行。这是因为当前线程正在运行，不会立刻放弃处理机，除非这时有更高优先级的线程参与调度或者是当前线程由于某种原因被阻塞，或者是在时间片方式下当前的时间片已用完。

(2) suspend()和resume()方法

调用suspend()方法暂停线程并不是永久地停止线程，此时调用resume()方法就可以重新激活线程。

(3) join()方法

join()方法将使当前线程进入等待状态，直至join()方法所调用的线程结束。例如，已经生成并运行了一个线程tt，而在另一个线程中执行timeout()方法，其定义如下：

```
public void timeout(){   //暂停该线程,等待其他线程(tt)结束
    tt.join();   //其他线程结束后,继续执行该线程
    …
}
```

这样，在执行timeout()方法以后，当前的线程将被阻塞，直到线程tt运行结束。

另外，也可以使用"join(long timeout)"限定等待时间（单位为毫秒），使当前线程进入等待状态。

微课：多线程案例

8.4 线程的同步

线程同步是一种多个线程间对共享资源的协调。

8.4.1 共享受限资源

在多线程的程序中，各个线程对共享资源的访问是互斥的。比如，铁路售票系统中票(ticket)是共享资源，如果有4个售票点发售某日某次列车的100张车票，其中一个售票点在发售某张票的时候其余售票点便不能进行售票，必须等这个售票点发售完这张票，并释放对共享资源(ticket)的使用权后才能进行售票。如下面的代码：

```
if(ticket >0)
System.out.println(Thread.currentThread().getName() + "is sail-ing ticket" + tickets - -);
```

当一个售票线程运行到if(ticket>0)语句后，CPU必须等到if语句执行完毕才去执行其他售票线程的相应代码段。

第 8 章 多线程

Java 中对共享数据操作的并发控制采用的是传统的封锁技术。为保证线程对共享资源操作的完整性，Java 用 synchronized 关键字为共享资源加锁，称为互斥锁。每个共享资源对象都有一个互斥锁标记，以保证任一时刻只有一个线程访问该对象。

synchronized 关键字的语法格式有两种：

①synchronized（object）{同步代码段} //object 可以是任意一个对象

将前面的售票代码修改一下，使之具有同步的效果：

```
String str = new String("");
synchronized(str){
  if(ticket >0)
  System.out.println(Thread.currentThread().getName() + "is sailing ticket" + tickets - -);
}
```

程序中用 String str = new String("") 语句随便产生了一个对象，用于后面代码段的同步。

②synchronized 作为方法的修饰字，使该方法成为同步方法。当一个线程在使用实例对象的某个同步方法时，试图调用该实例对象的任何同步方法的其他线程都必须等待，直至该线程退出同步方法，然后该实例对象的不同步方法才可以被调用。

例如，定义 pop( ) 为同步方法：

```
public synchronized void pop(){
  …
}
```

8.4.2 线程间的协作

上一节介绍了线程之间在访问对象的临界区时，需要使用同步以实现线程的互斥。有时，多个线程之间需要共同协作，比如，线程 A 往缓冲区中写数据，线程 B 从缓冲区中取数据，当缓冲区中没有数据时，线程 B 必须等待；当缓冲区满时，线程 A 必须等待。

Java 通过 wait( )方法、notify( )方法和 notifyAll( )方法实现线程间的协作。这些方法在对象中是用 final 方法实现的，所以，所有的类都包含它们。另外，这三个方法仅在 synchronized 方法中才能被调用。

①wait( )：告知被调用的线程进入睡眠，直到其他线程进入并且调用 notify( )方法。

②notify( )：恢复相同对象中第一个调用 wait( )方法的线程。

③notifyAll( )：恢复相同对象中所有调用 wait( )方法的线程，具有最高优先级的线程将最先运行。

这些方法在 Object 中被声明，如下所示：

```
final void wait()throws InterrupedException
final void notify()
final void notifyAll()
```

Java 语言程序设计实用教程（第2版）

下面的线程错误地实现了一个简单生产者/消费者的应用问题。它由四个类组成：Q 类设法获得同步的序列；Producer 类产生排队的线程对象；Consumer 类产生消费序列的线程对象；Exam8_3 类创建单个 Q、Producer 和 Consumer 类的小类。

【例8-3】生产者/消费者问题。

```
package chapter08;
class Q{
    int n;
    synchronized int get(){   //消费者,synchronized用于线程的控制
        System.out.println("Get:"+n);
        return n;}
    synchronized void put(int n){
    //生产者,synchronized用于线程的控制
        this.n=n;
        System.out.println("Put:"+n);}
}
class Producer implements Runnable{
    Q q;
    Producer(Q q){
    this.q=q;
    new Thread(this,"Producer").start();
}
public void run(){
    int i=0;
    while(true){
    q.put(i++);
    }
}
}
class Consumer implements Runnable{
    Q q;
    Consumer(Q q){
    this.q=q;
    new Thread(this,"Consumer").start();
    }
    public void run(){
    while(true){
    q.get();
```

· 188 ·

第8章 多线程

```
        }
    }
}
        class Exam8_3{
            public static void main(String args[])
            {
              Q q=new Q();
              new Producer(q);
              new Consumer(q);
              System.out.println("Press control-c to stop");
            }
        }
```

尽管 Q 类中的 put( )方法和 get( )方法是同步的，但是没有东西阻止生产者超越消费者，也没有东西阻止消费者消费同样的序列两次。这样，就得到下面的错误输出（输出将随处理器速度和装载的任务而改变）：

```
        Put:1
        Put:2
        Put:3
        Put:4
        Put:5
        Put:6
        Put:7
        Press control-c to stop
        Put:8
        Put:9
        Put:10
        Put:11
        Get:11
```

要正确地编写该程序，需要用 wait( )方法和 notify( )方法来对两个方向进行标志。

【例8-4】同步后的生产者/消费者问题。

```
package chapter08;
class Q{
    int n;
    boolean valueSet=true;//变量 valueSet 用于同步生产者/消费者
    synchronized int get(){
if(! valueSet)
```

```java
try{
wait();
}catch(InterruptedException e){
System.out.println("InterruptedException caught");
}
        System.out.println("Get:"+n);
    valueSet=false;
    notify();
        return n;
        }
        synchronized void put(int n){
  if(valueSet){
try{
wait();
}catch(InterruptedException e){
System.out.println("InterruptedException caught");
}
        this.n=n;
    valueSet=true;
        System.out.println("Put:"+n);
}
  notify();
}
}
class Producer implements Runnable{
    Q q;
    Producer(Q q){
    this.q=q;
    new Thread(this,"Producer").start();
    }
    public void run(){
    int i=0;
    while(true){
    q.put(i++);
    }
    }
}
class Consumer implements Runnable{
```

```
    Q q;
    Consumer(Q q){
      this.q = q;
      new Thread(this,"Consumer").start();
    }
    public void run(){
          while(true){
      q.get();
    }
    }
    }
      class Ex{
          public static void main(String args[]){
            Q q = new Q();
            new Producer(q);
            new Consumer(q);
            System.out.println("Press control - c to stop");
          }
    }
```

程序中，内部的 get( ) 方法、wait( ) 方法被调用，这时挂起操作被执行，直到 Producer 告知数据已经预备好，此时内部的 get( ) 方法被恢复执行。获得数据后，get( ) 方法调用 notify( ) 方法，并告诉 Producer 可以向序列中输入更多数据。在 put( ) 方法内，wait( ) 方法挂起执行，直到 Consumer 取走了序列中的项目。当继续执行时，下一个数据项目会被放入序列，notify( ) 方法被调用，从而通知 Consumer 应该移走相应数据。

下面是该序列的输出，它清楚地显示了同步行为：

```
          Put:1
          Get:1
          Put:2
          Get:2
          Put:3
          Get:3
          Put:4
          Get:4
          Put:5
          Get:5
          Put:6
          Get:6
```

在多线程竞争使用多资源的程序中，有可能出现死锁的情况。这种情况发生在一个线程等待另一个线程所持有的锁，而那个线程又在等待第一个线程持有的锁的时候。此时，每个线程都不能继续运行，除非另一线程运行完同步程序块，正因为任何一个线程都不能继续运行，所以这些线程都无法运行完同步程序块。图 8-2 表示了上面问题的产生机制，其程序代码如下：

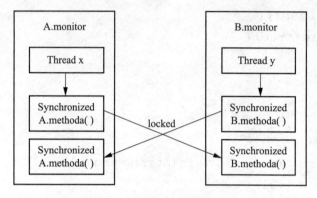

图 8-2 死锁程序结构示意图

【例 8-5】死锁。

```
package chapter08;
class classA{
public classB b;
    synchronized void methoda(){
    String name = Thread.currentThread().getName();
    System.out.println(name + "entered classA.methoda.");
    try{
    Thread.sleep(1000);
    }catch(InterruptedException e){}
    System.out.println(name + "trying to call classB.methodb()");
    b.methoda();
    }
    synchronized void methodb(){
    System.out.println("inside classA.methedb()");
    }
}
class classB{
    public  classA a;
    synchronized void methoda(){
    String name = Thread.currentThread().getName();
```

```
        System.out.println(name + "entered classB.methoda.");
        try{
            Thread.sleep(1000);
        }catch(InterruptedException e){}
      System.out.println(name + "trying to call classA.methodb()");
      a.methodb();
    }
    synchronized void methodb(){
    System.out.println("inside classA.methedb()");
    }
  }
}
class Exam8_5 implements Runnable{
    classA a = new classA();
    classB b = new classB();
    Exam9_8(){
        Thread.currentThread().setName("MainThread");
        a.b = b;
        b.a = a;
        new Thread(this).start();
        a.methoda();
        System.out.println("back to main thread");
    }
    public void run(){
        Thread.currentThread().setName("RacingThread");
        b.methoda();
        System.out.println("back to racing thread");
    }
    public static void main(String args[]){
        new Exam8_5();
    }
}
```

程序运行结果如下：

```
        RacingThreadentered classB.methoda.
        MainThreadentered classA.methoda.
        MainThreadtrying to call classB.methodb()
        RacingThreadtrying to call classA.methodb()
```

如果运行该程序，就会发现出现死锁的情况。Java 既不监测也不采取办法避免这种状态,因此,确保死锁状态不会发生就成了程序员的职责。

一个避免死锁发生的较麻烦的办法是:如果有多个对象要被同步,就应该对获得这些锁的顺序做一个综合决定,并在整个程序中遵循这个顺序。当然,关于它的更详细的讨论已经超出了本书的范围,有兴趣的读者可以参考操作系统方面的书籍。

8.4.3 线程的调度和优先级

Java虚拟机允许一个应用程序拥有多个同时执行的线程,而众多的线程中,哪一个线程先执行,哪一个线程后执行,取决于线程的优先级(Priority)。

线程的优先级由整数值1~10来表示,优先级越高,越先执行;优先级越低,越晚执行;优先级相同时,则遵循队列的"先进先出"的原则。有几个与优先级相关的整数常量:

①MIN_PRIORITY:线程能具有的最小优先级(1)。

②MAX_PRIORITY:线程能具有的最大优先级(10)。

③NORM_PRIORITY:线程的常规优先级(5)。

当线程被创建时,优先级默认是由NORM_PRIORITY标识的整数。Thread类中与优先级相关的方法有:setPriotity()和getPriotity()。setPriotity()方法用来设置线程的优先级,用一个整数型参数作为线程的优先级,其范围必须在MIN_PRIORITY和MAX_PRIORITY之间,并且不大于线程的Thread对象所属线程组的优先级。

当一个在可执行状态队列中排队的线程被分配到了CPU等资源而进入运行状态后,这个线程就称为是被"调度"或被线程调度管理器选中了。Java支持一种"抢占式"(pre-emptive)调度方式。抢占式和协作式(cooperative)是相对的概念。所谓协作式,是指一个执行单元一旦获得某个资源的使用权,别的执行单元就无法剥夺其使用权,即使其他线程的优先级更高,而抢占式则与之相反。比如,在一个低优先级线程的执行过程中,来了一个高优先级线程,若在协作式调度系统中,这个高优先级线程必须等待低优先级线程的时间片执行完毕,而抢占式调度方式则不必,它可以直接把控制权抢占过来。

Java的线程调度遵循的是抢占式,因此,为使低优先级线程能够有机会运行,较高优先级线程可以进入"睡眠"(sleep)状态。进入睡眠状态的线程必须被唤醒才能继续执行。

8.5 案例分析

利用本章所学的多线程相关知识完成一个具有一定功能的综合实例。

8.5.1 案例情景——模拟排队买票

微课:多线程案例

5个人排队买电影票,售票员只有一张5元的零钱,电影票5元一张。假设5个人的顺序及买票情况是:赵拿一张20元的人民币买2张票;钱拿1张20元的人民币买1张票;孙拿1张10元的人民币买1张票;李拿一张10元的人民币买2张票;周拿1张5元的人民币买1张票。

售票员必须按如下规则找零钱:

①如果20元买2张票,允许找零1张10元,不允许找零2张5元;

②如果20元买1张票,允许找零1张5元和1张10元,不允许找零3张5元;
③如果10元买1张票,允许找零1张5元。

8.5.2 运行结果

程序运行的结果如下:

```
售票员的钱数:
                    20元    10元    五元
                    0张     0张     1张
孙正在买1张票10元钱
孙已经买完!
        售票员的钱数:
                    20元    10元    五元
                    0张     1张     0张
赵正在买2张票20元钱
赵已经买完!
        售票员的钱数:
                    20元    10元    五元
                    1张     0张     0张
周正在买1张票5元钱
周已经买完!
        售票员的钱数:
                    20元    10元    五元
                    1张     0张     1张
李正在买2张票10元钱
李已经买完!
        售票员的钱数:
                    20元    10元    五元
                    1张     1张     1张
钱正在买1张票20元钱
钱已经买完!
        售票员的钱数:
                    20元    10元    五元
                    2张     0张     0张
```

8.5.3 实现方案

1. 案例分析

①定义类BuyTicket,用构造方法初始化各个购买人;
②利用内部类Buyer模拟购买者行为;

③利用线程的同步（synchronized）来控制共享变量的正确访问；
④用条件语句控制售票员找零的规则。
2. 参考程序代码

```java
package chapter08;
public class Buy{
Object seller=new Object();
int twantyNumber=0;    //20元纸币的张数
int tenNumber=0;     //10元纸币的张数
int fiveNumber=1;    //5元纸币的张数
int all=5;
public  Buy(){
printmony();
buyer zhao=new buyer("赵",2,20);//购买者赵:持20元纸币,购买两张票
buyer qian=new buyer("钱",1,20);//购买者钱:持20元纸币,购买一张票
buyer sun=new buyer("孙",1,10);//购买者孙:持10元纸币,购买一张票
buyer li=new buyer("李",2,10);//购买者李:持10元纸币,购买两张票
buyer zhou=new buyer("周",1,5);//购买者周:持5元纸币,购买一张票
zhao.start();//启动各个线程
qian.start();
sun.start();
li.start();
zhou.start();
}
class buyer extends Thread{    //购买者线程
int number=0;
int mony=0;
String name=null;
boolean hasBuyed=false;
public buyer(String name,int number,int mony){
//构造方法完成成员变量初始化
this.number=number;
this.mony=mony;
this.name=name;
}
void print(int i){    //print方法用来显示用户购买情况
if(i==0){System.out.println(name+"正在买"+number+"张票"+mo-
ny+"元钱");}
  if(i==1){System.out.println(name+"已经买完!");printmony();}
```

```
    }
    public void run(){
    while(!hasBuyed){
        synchronized(seller){
        int charge=mony-number*5;
        if((tenNumber>=charge/10&&fiveNumber>=(charge%10)/5)||charge==0){
        print(0);
        if(mony==20)twantyNumber++;
//判断当前购买者持有的如果是20元纸币,则相应变量数量增加1
        if(mony==10)tenNumber++;
//判断当前购买者持有的如果是10元纸币,则相应变量数量增加1
        if(mony==5)fiveNumber++;
//判断当前购买者持有的如果是5元纸币,则相应变量数量增加1
        tenNumber-=charge/10;
//如果售票员收了20元纸币,则要用10元和5元纸币找补
        fiveNumber-=(charge%10)/5;
//如果售票员收了20元纸币,则要用10元和5元纸币找补
        try{
        Thread.sleep(1000);
        }catch(InterruptedException e){
        e.printStackTrace();
        }
        print(1);
        hasBuyed=true;
        seller.notifyAll();
        }else{
        try{
        seller.wait();
        }catch(InterruptedException e){
        e.printStackTrace();
        }
    }
    }
    }
    }
    }
    void printmony(){        //printmony()方法输出当前售票员持有纸币的情况
```

```
        System.out.println("\t 售票员的钱数:");
        System.out.println("\t\t\t20 元\t10 元\t 五元");
        System.out.println("\t\t\t" + twantyNumber + "张\t" + tenNumber + "张\t" + fiveNumber + "张");
    }
    public static void main(String[]s){
        new Buy();
    }
}
```

8.6 任务训练——多线程使用

8.6.1 训练目的

（1）掌握多线程的含义；
（2）掌握线程的创建；
（3）掌握线程的生命周期；
（4）掌握多线程的同步。

8.6.2 训练内容

1. 完成对正文中各段代码程序效果的演示。
2. 完成思考与练习中程序的编写与调试。
3. 模拟学生上课：答疑课上，老师逐一回答学生的问题，同一时刻教师只能回答一个学生的问题，其他学生需等到前面同学的问题解决后，才能向老师提出问题。

【程序效果】

> ［张一号的问题］回答完毕。
> ［陈三号的问题］回答完毕。
> ［李二号的问题］回答完毕。

【解题思路】
（1）定义 3 个类，分别为 AnswerQuestion 主类、Teacher 类、Student 类；
（2）利用 Runnable 接口完成同一时刻解决一个同学的问题的功能。

【参考程序】

```
package chapter08;
public class AnswerQuestion{
```

```java
public static void main(String[]args){
    Teacher th=new Teacher();
    Student st1=new Student(th,"张一号的问题");
    Student st2=new Student(th,"李二号的问题");
    Student st3=new Student(th,"陈三号的问题");
    try{
        st1.t.join();
        st2.t.join();
    st3.t.join();
    }catch(InterruptedException e){}
  }
}
    class Teacher{
      public void answer(String msg){
        System.out.print("["+msg);
        try{
            Thread.sleep((int)(Math.random()*200));
        }catch(InterruptedException e){ }
        System.out.println("]回答完毕。");
      }
    }
    class Student implements Runnable{
        private String msg;
        private Teacher th;
        Thread t;
        public Student(Teacher th,String s){
            this.th=th;
            msg=s;
            t=new Thread(this);
            t.start();
        }
        public void run(){
            synchronized(th){
            th.answer(msg);
          }
         }
      }
```

8.7 拓展知识

1. 问：线程与进程有什么关系？

答：线程是比进程更小的执行单位。一个进程在其执行过程中可以产生多个线程，每一个线程就是一个程序内部的一条执行线索，这些线程可以交替运行。

多任务与多线程是两个不同的概念，前者是针对操作系统而言的，表示操作系统可以同时运行多个应用程序；后者是针对一个程序而言的，表示在一个程序内部可以同时执行多个线程。

2. 问：线程安全与不安全的区别是什么？

答：线程安全就是多线程访问时，采用了加锁机制，当一个线程访问该类的某个数据时，对其进行保护，使其他线程不能进行访问；直到该线程读取完，其他线程才可使用。这种情况下不会出现数据不一致或者数据污染。

线程不安全就是不提供数据访问保护，有可能出现多个线程先后更改数据的现象，造成所得到的数据是脏数据。

思考与练习

一、选择题

1. 线程调用了 sleep( ) 方法后将进入（   ）。
   A. 运行状态   B. 堵塞状态   C. 终止状态   D. 初始状态

2. 关于 Java 线程，下列说法错误的是（   ）。
   A. 线程是以 CPU 为主体的行为
   B. 线程是比进程更小的执行单位
   C. 创建线程有两种方法：继承 Thread 类和实现 Runnable 接口
   D. 新线程一旦被创建，将自动开始运行

3. 实现线程同步时，应加关键字（   ）。
   A. public   B. class   C. synchronized   D. main

二、读程序题

下面程序的输出结果是什么？

```java
public class MyThread extends Thread{
    int count=1,number;
    public MyThread(int num){
        number=num;
        System.out.println("创建线程"+number);}
    public void run(){
```

```
    while(true){
        System.out.println("线程"+number+":计数"+count);
if(++count==6)   return;
    }
  }
  public static void main(String args[]){
    for(int i=0;i<5;i++)
        new MyThread(i+1).start();
    }
}
```

第 9 章

图形用户界面

【知识点】GUI；常用容器；布局管理器；各类组件；事件处理。

【能力点】熟练掌握常用容器、布局管理器、组件的构造方法与常用方法，会编程完成事件处理。

【学习导航】

Java GUI（图形用户界面）编程是程序设计中一个重要的环节。本章内容在 Java 程序开发能力进阶必备中的位置如图 9-0 所示。

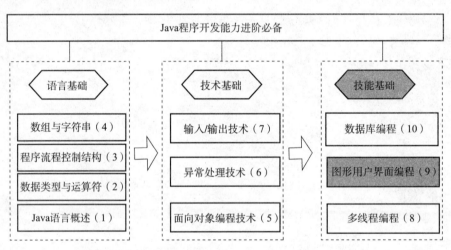

图 9-0　本章内容在 Java 程序开发能力进阶必备中的位置

图形用户界面（Graphics User Interface，GUI）是大多数程序不可缺少的部分，它使用图形方式，借助于窗口中的菜单、按钮等界面元素和鼠标操作，来实现用户与计算机系统的交互。用户通过图形界面向计算机系统发布命令、控制操作，系统的运行结果也以图形界面方式显示给用户。图形界面具有生动形象、操作方便的特点，深受广大用户喜欢。

9.1　GUI 概述

Java 应用程序的图形用户界面（GUI）是通过 Java API 提供的 java.awt 或 javax.swing 包

中的组件实现的。这些组件所构成的 GUI 系统通常包含以下几个部分：

①基本的图形用户界面组件，如菜单、按钮、文本字段等，用于展示系统可用的操作；

②容器组件，如窗口、面板等，用于容纳基本组件；

③布局管理组件，负责容器中组件的布局，进一步美化图形用户界面；

④事件处理，用户通过图形界面进行操作时，会引发相应的事件，这些事件由一些特定的图形用户界面组件监听并处理。

Java 的 java.awt 和 javax.swing 包中包含了许多有关图形界面的类。AWT（Abstract Window Toolkit），中文译为抽象窗口工具包，是一组 Java 类，此组 Java 类允许创建图形用户界面，AWT 提供用于创建生动而高效的 GUI 的各种组件。Swing 组件是在 AWT 组件基础上发展起来的新型 GUI 组件，它完善了 GUI 组件的功能，且实现时不包含依赖特定平台的代码，有更高的平台无关性和更好的移植性。因此，本章主要介绍 Swing 组件的用法，学习了 Swing 组件的用法后，可容易地学会 AWT 组件的用法。

9.1.1 AWT 简介

AWT 是 Java 提供的用来建立和设置 Java 的图形用户界面的基本工具。AWT 可用于 Java 的小应用程序和应用程序中，AWT 设计的初衷是支持开发小应用程序的简单用户界面。

AWT 由 Java 中的 java.awt 包提供，用于 GUI 的设计，包含了许多可用来建立与平台无关的图形用户界面（GUI）的类和接口（AWTEvent、Font、Component、Graphics、MenuComponent、Color 和各种布局管理类等），这些类继承于 java.lang.Object 类。AWT 的类层次结构如图 9-1 所示。

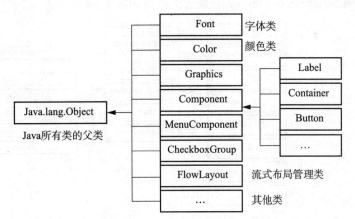

图 9-1　AWT 类层次

java.awt.Component 类是许多组件类（如 Button、Label）的父类，它封装了组件通用的方法和属性，如图形的组件对象、大小、显示位置、前景色、背景色、边界、可见性等，因此，许多组件也继承了 Component 类的成员方法和成员变量，这些成员方法是许多组件共有的方法。Component 类常见的成员方法见表 9-1。

表 9-1 Component 类常用方法

序号	方法名称	方法功能
1	void setBackground(Color c)	设置组件的背景颜色
2	void setEnabled(boolean b)	设置组件是否可用
3	void setFont(Font f)	设置组件的文字
4	void setForeground(Color c)	设置组件的前景颜色
5	void setLocation(int x, int y)	设置组件的位置
6	void setName(String name)	设置组件的名称
7	void setSize()	设置组件的大小
8	void setVisible(boolean b)	设置组件是否可见
9	boolean hasFocus()	检查组件是否拥有焦点
10	int getHeight()	返回组件的高度
11	int getWidth()	返回组件宽度

9.1.2 Swing 简介

Swing 是 Java 语言在编写图形用户界面方面的新技术，它采用 MVC（模型（Model） - 视图（View） - 控制器（Controller）的缩写）设计范式，使 Java 程序在同一个平台上运行时能够有不同外观供用户选择。Swing 的类层次结构如图 9-2 所示。

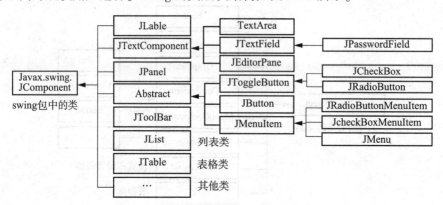

图 9-2 Swing 类层次结构

Swing 组件从功能上可以分为以下 6 类。

①顶层容器：JFrame、JApplet、JDialog 和 JWindow。
②中间容器：JPanel、JScrollPane、JSplitPane 和 JToolBar。
③特殊容器：JinternalFrame、JLayerPane 和 JRootPane。
④基本组件：JButton、JComboBox、JList、JMenu、JSlider 和 JTextField。

⑤不可编辑信息的组件：JLable、JProgressBar 和 ToolTip。
⑥可编辑信息的组件：JColorChoose、JFileChooser、JTable 和 JTextArea。

在 Java 的桌面应用程序开发中，一般采用 Swing 组件和部分 AWT 组件来构建图形用户界面。Java 的图形界面通常包含三部分内容：

1. 组件
①组件是图形用户界面最基本的组成部分。
②组件是一个能够以图形化的方式显示在屏幕上并能与用户进行交互的对象。
③组件不能独立显示出来，必须放在一定的容器中。

2. 容器
①容器类 Container 是 Component 类的一个子类。
②容器本身也是一个组件，具有组件的所有性质。
③容器还有放置其他组件和容器的功能。

3. 布局管理器
①布局管理器用来管理组件放置在容器中的位置和大小。
②每个容器都有一个布局管理器。
③使用布局管理器可以使 Java 生成的图形用户界面具有平台无关性。
④布局管理器 LayoutManager 本身是一个接口，通常使用的是实现该接口的类。

Swing 是一个用于开发 Java 应用程序用户界面的工具包。以抽象窗口工具包（AWT）为基础，开发人员只用很少的代码就可以利用 Swing 丰富、灵活的功能和模块化组件来创建用户界面。工具包中所有的包都是以 swing 作为名称，例如 javax.swing, javax.swing.event。

用 Swing 创建图形界面步骤：
①导入 Swing 包；
②选择界面风格；
③设置顶层容器；
④设置按钮和标签；
⑤将组件放到容器上；
⑥为组件增加边框；
⑦处理事件；
⑧辅助技术支持。

9.2 常用容器

容器是若干个组件和容器的集合，它包含了许多界面元素，这些元素可以是组件，也可以是容器。容器实际上是对图形界面中的界面元素的一种管理。在应用 Swing 编写图形用户界面时，除了常用的 3 种容器 JFrame、JPanel 和 JApplet（AWT 中对应为 Frame、Panel 和 Applet）外，还有其他容器，这些容器的名称和功能见表 9-2。本节主要介绍 JFrame 和 JPanel。

表9–2 其他容器

序号	方法名称	方法功能
1	根面板（JRootPane）	由一个玻璃面板、一个内容面板和一个可选的菜单条组成
2	分层面板（JLayeredPane）	Swing 提供两种分层面板，向一个分层面板中添加组件，需要说明将其加入到哪一层
3	滚动窗口（JScrollPane）	带滚动条的面板，主要通过移动 JViewport（视口）来实现移动，同时描绘出它在下面"看到"的内容
4	分割板（JSplitPane）	用于分割两个组件，这两个组件可以按照水平方向分隔，也可以按照垂直方向分隔
5	选项板（JTabbedPane）	提供一组可供用户选择的带有标签或图标的选项
6	工具栏（JToolBar）	是用于显示常用工具组件的容器，其位置通常处于菜单条的下面，主要用来提供一种快速访问程序功能的方法
7	内部框架（JInternalFrame）	是一个嵌入另一窗口的窗口

9.2.1 JFrame（框架）

每一个应用组件的应用程序都至少有一个顶层容器，应用程序必须创建一个顶层容器之后才能放置其他 GUI 容器或组件。其中 JFrame（框架）是最常用的一种顶层容器，它的作用是创建一个顶层的 Windows 窗体，其外观就像平常 Windows 系统中见到的窗体一样，带有标题和边界的顶层窗口。框架的大小包括边界指定的所有区域，框架的默认布局为 Border-Layout（边界布局）。

1. 构造方法

框架通过构造方法创建，JFrame 的构造方法见表9–3。

表9–3 JFrame 构造方法

序号	方法名称	方法功能
1	JFrame()	创建不指定标题的窗体
2	JFrame(String title)	创建指定标题的窗体
3	JFrame(GraphicsGonfiguration gc)	使用屏幕设备的指定图形配置创建一个 frame
4	JFrame(String title, GraphicsGonfiguration gc)	构造一个新的、初始不可见的、具有指定标题和图形配置的 frame 对象

2. 常用方法

框架借助于成员方法进行属性的设置和处理，JFrame 的常用方法见表9–4。

第 9 章 图形用户界面

表 9-4 JFrame 常用方法

序号	方法名称	方法功能
1	boolean isresizable( )	指示 frame 是否可由用户调整大小
2	remove(MenuComponent m)	从 frame 移除指定的菜单栏
3	setIconImage(Image image)	设置 frame 显示在最小化图标中的图像
4	setJMenuBar(MenuBar mb)	设置 frame 的菜单栏
5	setResizable(boolean resizable)	设置 frame 是否可由用户调整大小
6	setTitle(String title)	将 frame 的标题设置为指定的字符串
7	setSize(int width, int height)	设置 frame 宽为 width，高为 height
8	setLocation(int x, int y)	设置 frame 的位置，其中（x，y）为左上角坐标
9	setDefaultCloseOperation(int operation)	设置单击关闭按钮时的默认操作，其中 DO_NOTHING_ON_CLOSE：屏幕关闭按钮 HIDE_ON_CLOSE：隐藏框架 DISPOSE_ON_CLOSE：隐藏和释放框架 EXIT_ON_CLOSE：退出应用程序
10	void setContentPane (Container contentPane)	设置 frame 的内容窗格
11	Container getContentPane( )	返回 frame 的内容窗格
12	void setJMenuBar( )	设置 frame 的菜单栏
13	JMenuBar getJMenuBar( )	返回 frame 的菜单栏

每一个顶层容器都有一个内容窗格（ContentPane），顶层容器中除菜单之外的组件都放在这个内容窗格中。可以调用顶层容器中的 getContentPane( ) 方法得到当前容器的内容窗格，并使用 add( ) 方法将组件添加到其中。

【例 9-1】使用 JFrame 创建应用程序。

该程序运行后，将在屏幕上显示一个窗口，窗口中显示文本信息。

```
package chapter09;
import java.awt.*;            //引入 awt 包
import javax.swing.*;         //引入 swing 包
public class MyFrame{
public static void main(String[]args){
    JFrame frame = new JFrame("JFrame 演示");   //创建 JFrame 对象
    frame.setDefaultCloseOperation(JFrame.EXIT_ON_CLOSE);
    //窗口关闭时的操作
    frame.setSize(300,200);         //设置窗口尺寸
```

```
        frame.setVisible(true);           //设置窗口可见
        JLabel showlabel = new JLabel("JFrame演示实例");//创建标签对象
        frame.getContentPane().add(showlabel,BorderLayout.CENTER);
        //添加标签到窗口中
    }
}
```

程序运行效果如图9-3所示。

图9-3 JFrame示例运行效果

9.2.2 JPanel（面板）

JPanel（面板）是常用的中间容器，不能作为最外层的顶层容器单独存在，它必须首先作为一个组件放置到其他容器（一般为框架）中，然后才能把组件添加到它里面。面板是一种透明的容器，没有标题和边框。

JPanel的构造方法和常用方法见表9-5。

表9-5 JPanel的构造方法和常用方法

方法类型	方法名称	方法功能
构造方法	JPanel( )	使用默认的布局管理器创建新面板
	JPanel(LayoutManager layout)	创建具有指定布局管理器的新面板，面板的默认是FlowLayout布局管理器
常用方法	setLayout(LayoutManager layout)	创建面板上组件的布局方式
	add(component comp)	将组件添加到面板上
	setBorder( )	设置面板的边框样式

【例9-2】使用JPanel创建应用程序。

该程序运行后，将在屏幕上显示一个窗口，窗口中显示背景颜色及按钮。

```
package chapter09;
import java.awt.*;           //引入awt包
```

```
import javax.swing.*;              //引入 swing 包
public class MyPanel{
public static void main(String[]args){
    JPanel jp = new JPanel();                    //创建 JPanel 面板对象
    jp.setBackground(Color.RED);                 //设置面板背景为红色
    JButton jb = new JButton("Press");           //创建 JButton 按钮
    jp.add(jb);                //面板中添加按钮组件
    JFrame jf = new JFrame("面板容器");            //创建 JFrame 对象
    Container cp = jf.getContentPane();          //创建内容窗格
    cp.setBackground(Color.BLACK);               //设置内容窗格颜色为黑色
    cp.add(jp, BorderLayout.NORTH);              //面板在内容窗格顶部
    jf.setDefaultCloseOperation(JFrame.EXIT_ON_CLOSE);
                                                 //窗口关闭时的操作
    jf.setSize(300,200);          //设置窗口尺寸
    jf.setVisible(true);          //设置窗口可见
}
}
```

程序运行效果如图 9-4 所示。

图 9-4　JPanel 示例运行效果

9.3　简单 GUI 组件

简单 GUI 组件是指在图形用户界面中使用较频繁的组件,主要包括标签、按钮和文本框。

9.3.1　标签和按钮

1. JLabel 标签

标签是一种简单的组件,它提供了一种在应用程序界面中显示不可修改文本的方法。其缺省文本对齐方式是左对齐,用户可以通过构造方法中的参数将其设置为居中或右对齐,用

户还可以改变标签的字体和颜色。在使用标签对应的构造方法构造标签对象后,用户只需利用 JPanel 的 add() 方法将其添加到面板上即可。

(1) 构造方法

JLabel 的构造方法见表 9-6。

表 9-6　JLabel 的构造方法

序号	方法名称	方法功能
1	JLabel()	构造一个空标签
2	JLabel(String text)	使用指定的文本字符串构造一个新的标签,其文本对齐方式为默认的左对齐
3	JLabel(String text, horizontalAlignment)	使用指定的文本字符串构造一个新的标签,其文本对齐方式为指定的对齐方式
4	JLabel(Icon image)	使用指定的图像构造一个标签
5	JLabel(Icon image, int horizontalAlignment)	使用指定的图像和对齐方式构造一个标签
6	JLabel(String text, Icon image, int horizontal Alignment)	使用指定的文本字符串、图像和对齐方式构造一个标签

(2) 常用方法(表 9-7)

表 9-7　JLabel 常用方法

序号	方法名称	方法功能
1	setText(String text)	设置标签中的文本
2	setIcon(Icon icon)	设置在标签中显示的图像
3	setVerticalAlignment(int alignment)	标签内容的垂直对齐方式
4	setVerticalTextPosition(int textPosition)	设置标签中文字相对于图像的垂直位置
5	setHorizontalAlignment(int alignment)	设置标签内容的水平对齐方式
6	setHorizontalTextPosition(int textPositionalignment)	设置标签中文字相对于图像的水平位置
7	setDisabledIcon(Icon disabledIcon)	设置标签禁用时的显示图像
8	setDisplayedMnemonic(char aChar)	指定一个字符作为快捷键
9	setDisplayedMnemonic(int key)	指定 ASCII 码作为快捷键

【例 9-3】使用标签(Jlabel)创建标签对象。

```
package chapter09;
import java.awt.*;        //引入 awt 包
import javax.swing.*;     //引入 swing 包
public class MyJLabel {
```

```
JFrame frame=new JFrame("标签演示");
JLabel label1,label2,label3;          //声明3个标签对象
public static void main(String[] args){
  MyJLabel ld=new MyJLabel();         //创建类对象
    ld.go();         //调用go()方法
}
public void go(){         //创建go()方法
    label1=new JLabel("TOP Label");        //创建显示文本标签1
    label1.setVerticalAlignment(JLabel.TOP);
    //标签对象1垂直方向顶部对齐
    label2=new JLabel("Center Label",JLabel.CENTER);
//创建文本标签2且水平方向居中
    ImageIcon icon=new ImageIcon("src/images/rest.png");
    //获取icon对象内容
    label3=new JLabel(icon);         //创建图标标签3
    label3.setVerticalAlignment(JLabel.BOTTOM);
    //标签对象3垂直方向底部对齐
    JPanel panel=new JPanel();         //创建面板对象panel
    panel.setLayout(new GridLayout(3,1));//设置网格布局为3行1列
    panel.add(label1);         //面板中添加组件标签1
    panel.add(label2);         //面板中添加组件标签2
    panel.add(label3);         //面板中添加组件标签3
    Container cp=frame.getContentPane();//创建内容窗格
    cp.setLayout(new GridLayout(1,1));
                            //设置内容窗格网格布局1行1列
    cp.add(panel);         //内容窗格中添加面板
    frame.setDefaultCloseOperation(JFrame.EXIT_ON_CLOSE);
    //窗口关闭时的操作
    frame.setSize(300,500);         //设置窗口尺寸
    frame.setVisible(true);         //设置窗口可见
  }
}
```

程序运行效果如图9-5所示。

提醒：在src下创建文件夹images，里面放rest.png图片。

图 9-5 标签示例运行效果

2. JButton 按钮组件

按钮是用于触发特定动作的组件,用户可以根据需要创建纯文本的或带图标的按钮。使用 JButton 类的对应构造方法创建按钮后,利用 JPanel 的 add( ) 方法可将其添加到面板上,然后事件侦听启动,并根据用户的操作执行相应的功能。按钮的构造方法和常用方法见表 9-8。

表 9-8 JButton 的构造方法和常用方法

方法类型	方法名称	方法功能
构造方法	JButton( )	构造一个字符串为空的按钮
	JButton(Icon icon)	构造一个带图标的按钮
	JButton(String text)	构造一个指定字符串的按钮
	JButton(String text, Icon icon)	构造一个带图标和字符串的按钮
常用方法	addActionListener(ActionListener l)	添加指定的操作监听器,以接收来自此按钮的操作事件
	setLabel(String label)	将按钮的标签设置为指定的字符串
	getLabel( )	获得此按钮的标签

【例 9-4】使用按钮(JButton)创建按钮对象。

```
package chapter09;
import java.awt.*;              //引入 awt 包
import java.awt.event.KeyEvent; //引入键盘事件
import javax.swing.*;           //引入 swing 包
public class MyButton {
JFrame frame = new JFrame("按钮演示");
```

```java
    JButton b1,b2,b3;
    public static void main(String[]args){
    MyButton lb=new MyButton();              //创建类对象
        lb.go();              //调用go()方法
    }
    public void go(){
        b1=new JButton("Disable");
        b1.setMnemonic(KeyEvent.VK_D);        //快捷键ALT+D
        b2=new JButton("Middle");
        b2.setMnemonic(KeyEvent.VK_M);        //快捷键ALT+M
        b3=new JButton("Enable");
        b3.setMnemonic(KeyEvent.VK_E);        //快捷键ALT+E
        b3.setEnabled(false);                 //禁用此按钮
        JPanel panel=new JPanel();
        panel.setLayout(new GridLayout(1,3));//设置网格布局1行3列
        panel.add(b1);           //面板中添加组件按钮1
        panel.add(b2);           //面板中添加组件按钮2
        panel.add(b3);           //面板中添加组件按钮3
        Container cp=frame.getContentPane();  //创建内容窗格
        cp.setLayout(new GridLayout(1,1));
        //设置内容窗格网格布局1行1列
        cp.add(panel);           //内容窗格中添加面板
        frame.setDefaultCloseOperation(JFrame.EXIT_ON_CLOSE);
        //窗口关闭时的操作
        frame.setSize(300,80);                //设置窗口尺寸
        frame.setVisible(true);               //设置窗口可见
    }
}
```

程序运行效果如图9-6所示。

图9-6 按钮示例运行效果

9.3.2 单行文本框和多行文本框

1. 单行文本框（JTextField）

文本框用于显示指定文本并允许用户编辑文本，用户可以通过文本框实现输入、错误检

查之类的功能。使用 JTextField 类可以构造一个单行的输入文本框，来接收用户键盘输入信息，用户输入完成后，按下回车键，程序便可获取输入的数据。

文本框只能显示一行文本，用户按下回车键时将产生 ActionEvent 事件，系统可以通过 ActionListener 接口中的 actiionPerformed() 方法进行事件处理。文本框的构造方法和常用方法见表 9-9。

表 9-9　JTextField 类方法和常用方法

方法类型	方法名称	方法功能
构造方法	JTextField()	通过缺省方式构造新文本框对象
	JTextField(String text)	通过指定初始化文本框构造新的文本框对象
	JTextField(int columns)	通过指定列数构造新的空文本框对象
	JTextField(String text, int columns)	通过指定初始化文本和指定列数构造新的文本框对象
	JTextField(Document doc, String text, int columns)	通过指定文本存储模式、初始化文本和列数构造新的文本框对象
常用方法	setHorizontalAlignment(int alignment)	设置文本框中文本的水平对齐方式
	getText()	获得文本框中的文本字符
	selectAll()	获得文本框中的所有文本
	select(int selecionStart, int selectionEnd)	选定指定开始位置到结束位置间的文本
	setEditable(boolean b)	设置文本框是否可编辑
	setText(String t)	设置文本框中的文本

2. 密码框（JPasswordField）

密码框（JPasswordField）表示可编辑的单行文本的密码文本组件。JPasswordField 允许编辑一个单行文本，该文本可以输入内容，但不显示原始字符，而是通过显示"＊"或"#"等隐藏用户的真实输入，实现一定程度的保密，常用作密码等内容的输入。JPasswordField 构造方法和常用方法见表 9-10。

表 9-10　JPasswordField 构造方法和常用方法

方法类型	方法名称	方法功能
构造方法	JPasswordField()	通过缺省方式构造新密码框对象
	JPasswordField(String text)	通过指定初始化文本框构造新的密码框对象
	JPasswordField(int columns)	通过指定列数构造新的空密码框对象
	JPasswordField(String text, int columns)	通过指定初始化文本和指定列数构造新的密码框对象

续表

方法类型	方法名称	方法功能
构造方法	JPasswordField（Document doc，String text，int columns）	通过指定文本存储模式、初始化文本和列数构造新的密码框对象
常用方法	getEchoChar( )	返回要用于回显的字符
	getEchoChart( )	返回此 TextComponent 中所包含的文本
	setEchoChart(char c)	设置此 JPasswordField 的回显字符

【例9-5】 使用 JTtextField 和 JPasswordField 创建对象实现登录界面。

```
package chapter09;
import java.awt.*;
import javax.swing.*;
import java.awt.event.*;
class MyTextField extends JFrame implements ActionListener{
public static final String PASSWORD = "password";
//设定密码为"password"
private JPasswordField textPassword;        //密码文本框
private JTextField infoshow;            //信息回显文本框
public MyTextField(){
    super("文本框示例");
    Container c = getContentPane();
    JPanel panel = new JPanel();
    //创建密码标签与文本框
    JLabel labelPassword = new JLabel("输入:");
    textPassword = new JPasswordField(15);
    textPassword.addActionListener(this);
    //为录入密码的单行文本框注册监听器
    panel.add(labelPassword);
    panel.add(textPassword);
    //创建验证文本框
    infoshow = new JTextField(20);
    infoshow.setEditable(false);         //设置验证文本框不可编辑
    panel.add(infoshow);
    c.add(panel);
}
public void actionPerformed(ActionEvent e){
```

```
            String n = textPassword.getText();
            char[]s = textPassword.getPassword();
            String p = new String(s);
            //在用户名文本框中按回车,显示提示信息,并且让密码框获得焦点
            if(e.getSource() = = textPassword){
                infoshow.setText("回显:"+textPassword.getText());
                textPassword.grabFocus();//密码框获得焦点
            }
        }
    public static void main(String args[]){
        MyTextField frame = new MyTextField();
        frame.setDefaultCloseOperation(JFrame.EXIT_ON_CLOSE);
        frame.setSize(280,160);
        frame.setVisible(true);
        }
    }
```

程序运行效果如图9-7所示。

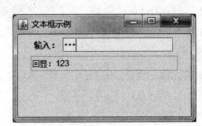

图9-7 JTextField 与 JPasswordField 示例运行效果

3. 文本域（JTextArea）

- Swing 中的 JTextArea 表示可编辑的多行文本组件，是用于显示纯文本的多行区域。JTextArea 类的构造方法和常用方法见表9-11。

表9-11 JTextArea 类的构造方法和常用方法

方法类型	方法名称	方法功能
构造方法	JTextArea()	构造一个新的 TextArea
	JTextArea(Document doc)	构造一个新的 JTextArea，使其具有给定的文档模型，所有其他参数均默认为（null, 0, 0）
	JTextArea（Document doc, String text, int rows, int columns）	构造具有指定行数和列数以及给定模型的新的 JTextArea

续表

方法类型	方法名称	方法功能
构造方法	JTextArea(int rows, int columns)	构造具有指定行数和列数的新的空 TextArea
	JTextArea(String text)	构造显示指定文本的新的 TextArea
	JTextArea(String text, int rows, int columns)	构造具有指定文本、行数和列数的新的空 TextArea
常用方法	void append(String str)	将给定文本追加到文档结尾
	int getColumns()	返回 TextArea 中的列数
	int getLineCount()	确定文本区中所包含的行数
	int getGows()	返回 TextArea 中的行数
	void insert(String str, int pos)	将指定文本插入指定位置
	void replaceRange(String str, int start, int end)	用给定的新文本替换从指示的起始位置到结尾位置的文本
	void setColumns(int columns)	设置此 TextArea 中的列数
	void setRows(int rows)	设置此 TextArea 的行数

【例9-6】使用 JTextArea 创建3个多行文本框,一个不能自动换行,一个可以自动换行,另一个在滚动窗格中可以自动生成滚动条。

```
package chapter09;
import java.awt.*;
import javax.swing.*;
class MyTextArea extends JFrame{
private JTextArea tArea1,tArea2,tArea3;
public MyTextArea(){
    super("多行文本框示例");
    Container c = getContentPane();
    JPanel panel = new JPanel();
    //创建3行20列不能自动换行的文本域
    tArea1 = new JTextArea("读者,您好,现在您所看到的是多行文本的一个效果演示。",3,20);
    //创建3行20列能自动换行的文本域
    tArea2 = new JTextArea("读者,您好,现在您所看到的是多行文本的一个效果演示。",3,20);
    tArea2.setLineWrap(true);
    //创建3行20列放在滚动窗格中的文本域
    tArea3 = new JTextArea("读者,您好,现在您所看到的是多行文本的一个效果演示。",3,20);
```

```
        JScrollPane scrollPane=new JScrollPane(tArea3);//创建滚动窗格
        //将三种文本域添加到框架中
        panel.add(tArea1);
        panel.add(tArea2);
        panel.add(scrollPane);
        c.add(panel);
    }
    public static void main(String args[]){
        JFrame frame=new MyTextArea();
        frame.setDefaultCloseOperation(JFrame.EXIT_ON_CLOSE);
        frame.setSize(300,250);
        frame.setVisible(true);
    }
}
```

程序运行效果如图9-8所示。

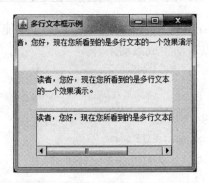

图9-8 多行文本框示例运行效果

9.4 布局管理

布局管理是应Java的平台独立性而产生的,是为了使不同平台的组件在屏幕上的布局(组件的大小和位置等特性)一致。Java布局组件的基本策略是采用布局管理器。每个容器(如顶层容器的内容窗格)都有一个默认的布局管理器,开发者可以使用Component类的SetLayout(布局管理器对象)方法来实现,用add(参数)方法将组件添加到设置了布局管理器的容器中。

Java提供了多种布局管理器,下面对其中几个比较常用的布局管理器进行介绍。

9.4.1 流式布局

FlowLayout（流式布局）是 JPanel 和 JApplet 的默认布局管理器。在 FlowLayout 中，组件在容器中按照从上到下、从左到右的顺序进行排列，如果当前行放置不下，则换行继续排列。

FlowLayout 的构造方法和常用方法见表 9 – 12。

表 9 – 12　FlowLayout 的构造方法和常用方法

方法类型	方法名称	方法功能
构造方法	FlowLayout( )	组件缺省的对齐方式是居中对齐，组件水平和垂直间距缺省值为 5 像素
	FlowLayout(int align)	以指定方式对齐，组件间距为 5 像素，如 FlowLayout（FlowLayout.LEFT）表示居左对齐，横向间隔和纵向间隔都是缺省值 5 个像素
	FlowLayout(int align, int hgap, int vgap)	以指定方式对齐，并指定组件水平和垂直间距
常用方法	addLayoutComponent(String name, Component comp)	将指定组件添加到布局
	void removeLayoutComponent(Component comp)	从布局中移去指定组件
	void setHgap(int hgap)	设置组件间的水平方向间距
	void setVgap(int vgap)	设置组件间的垂直方向间距
	void setAlignment(int align)	设置组件对齐方式

【例 9 – 7】使用 FlowLayout 布局管理器。

```
package chapter09;
import java.awt.*;
import javax.swing.*;
public class FlowLayoutDemo
{
public static void main(String args[])
{
    JFrame frame = new JFrame("FlowLayout 演示");
    //创建一个顶层容器
        Container c = frame.getContentPane();
        //得到框架的内容窗格
        FlowLayout f = new FlowLayout(FlowLayout.LEFT,10,10);
//生成 FlowLayout 的对象
```

```
            c.setLayout(f);           //为容器设置布局管理器
            for(int i =1;i< =5;i + +)
            {
            c.add(new JButton("Button" +i));        //添加个按钮组件
            }
            frame.setSize(250,200);         //设置框架大小
            frame.setVisible(true);         //设置框架可视
        }
    }
```

程序运行效果如图 9 – 9 所示。

图 9 – 9 使用 FlowLayout 布局管理器运行效果

9.4.2 网格布局

GridLayout（网格布局）使容器中各个组件呈网格状布局，并平均占据容器的空间，即容器的大小发生变化，每个组件还是平均占据容器的空间。组件在容器中的布局是按照从上到下、从左到右的规律进行的。

GridLayout 的规则相当简单，它允许用户以规则的行和列指定布局方式，每个单元格的尺寸取决于单元格的数量和容器的大小，从而使得按这种规则布局的组件大小一致。

GridLayout 的构造方法和常用方法见表 9 – 13。

表 9 – 13 GridLayout 的构造方法和常用方法

方法类型	方法名称	方法功能
构造方法	GridLayout( )	以默认值进行网格布局，即每个组件占据一行一列
	GridLayout(int rows, int cols)	以指定的行和列构造网格布局
	GridLayout (int rows, int cols, int hgap, int vgap)	以指定的行、列、水平间距和垂直间距构造网格布局
常用方法	void setRows(int rows)	设置行数
	void setColumns(int cols)	设置列数

【例9-8】使用 GridLayout 布局管理器。

```java
package chapter09;
import java.awt.*;
import javax.swing.*;
public class GridLayoutDemo
{
    public static void main(String args[])
    {
        JFrame frame = new JFrame("GridLayout 演示");
        //创建一个顶层容器
        Container c = frame.getContentPane();
        //得到框架的内容窗格
        GridLayout g = new GridLayout(3,2,5,5);
        //生成 GridLayout 的对象
        c.setLayout(g);          //为容器设置布局管理器
        c.add(new JButton("1"));
        c.add(new JButton("2"));
        c.add(new JButton("3"));
        c.add(new JButton("4"));
        c.add(new JButton("5"));
        c.add(new JButton("6"));
        frame.setSize(300,200);
        frame.setVisible(true);
    }
}
```

程序运行效果如图9-10所示。

图9-10 使用 GridLayout 布局管理器运行效果

9.4.3 边界布局

BorderLayout（边界布局）是 JWindow、JFrame 和 JDialog 的缺省布局管理器，它把容器分成 North、South、East、West 和 Center 共 5 个区域，每个区域只能放置一个组件。如果容器采用 BorderLayout 进行布局管理，在用 add( ) 方法添加组件到容器时，必须注明添加到哪个位置。

边界布局中的中间区域是在东、南、西、北四个区域都填满后剩下的区域。当窗口垂直延伸时，东、西、中区域延伸；当窗口水平延伸时，南、北、中区域延伸。在容器变化时，组件相对位置不变，大小发生变化。在使用 BorderLayout 时，区域名称拼写要正确，尤其是选择不使用常量（如 add（button,"center"））而使用 add（button，BorderLayout.CENTER）时，拼写与大写很关键。边界布局的构造方法有两种。

① BorderLayout( )：以默认方式（组件没有间距）构造边界布局。

② BorderLayout(int hgap, int vgap)：以指定水平间距和垂直间距构造边界布局。其中，hgap 和 vgap 分别为组件水平和垂直方向上的空白空间。

【例 9 - 9】使用 BorderLayout 布局管理器。

```
package chapter09;
import java.awt.*;
import javax.swing.*;
public class BorderLayoutDemo
{
  public static void main(String args[])
  {
    JFrame frame = new JFrame("BorderLayout 演示");
    //创建一个顶层容器
    Container c = frame.getContentPane();
    //得到框架的内容窗格
    BorderLayout b = new BorderLayout(5,5);
    //生成 BorderLayout 的对象
    c.setLayout(b);           //为容器设置布局管理器
    c.add(BorderLayout.NORTH,new JButton("North"));
    c.add(BorderLayout.SOUTH,new JButton("South"));
    c.add(BorderLayout.EAST,new JButton("East"));
    c.add(BorderLayout.WEST,new JButton("West"));
    c.add(BorderLayout.CENTER,new JButton("Center"));
    frame.setSize(250,250);
    frame.setVisible(true);
  }
}
```

程序运行效果如图 9-11 所示。

图 9-11 使用 BorderLayout 布局管理器运行效果

9.4.4 卡片布局

CardLayout（卡片布局）能够帮助程序员处理两个甚至更多的成员共享同一显示空间的问题，它把容器分成许多层，每层的显示空间占据整个容器的大小，每层只允许放置一个组件，并且通过 JPanel 来实现每层的复杂的用户界面。

CardLayout 的构造方法和常用方法见表 9-14。

表 9-14 CardLayout 类构造方法和常用方法

方法类型	方法名称	方法功能
构造方法	CardLayout( )	构造没有间距的卡片布局
	CardLayout(int hgap, vgap)	构造指定间距的卡片布局
常用方法	void first(Container parent)	移到指定容器的第一个卡片
	void next(Container parent)	移到指定容器的下一个卡片
	void previous(Container parent)	移到指定容器的前一个卡片
	void last(Container parent)	移到指定容器的最后一个卡片
	void(Container parent, String name)	显示指定卡片

【例 9-10】使用 CardLayout 布局管理器。

```
package chapter09;
import java.awt.*;
import javax.swing.*;
public class CardLayoutDemo
{
  public static void main(String args[])
```

```
    {
        JFrame frame = new JFrame("CardLayout 演示"); //创建一个顶层容器
        Container c = frame.getContentPane();
        //得到框架的内容窗格
        c.setLayout(new CardLayout(30,30));
        //为容器设置布局管理器
        c.add("card1",new JButton("卡片1"));
        c.add("card2",new JButton("卡片2"));
        c.add("card3",new JButton("卡片3"));
        c.add("card4",new JButton("卡片4"));
        frame.setSize(300,200);
        frame.setVisible(true);
    }
}
```

程序运行效果如图 9-12 所示。

图 9-12 使用 CardLayout 布局管理器运行效果

9.4.5 网格袋布局

GridBagLayout（网格袋布局）是最强大、最复杂和最难使用的布局管理器。GridBagLayout 类可以通过构造方法 GridBagLayout() 构造一个默认的网格袋布局。它用似于表格形式布置容器内的组件，将每个组件放置在单元格内，而一个单元格可以跨越多个单元格进行合并，即多个单元格可以组合成一个单元格，从而实现组件的自由布局。

为容器设置 GridBagLayout 布局的基本步骤如下：

①GridBagLayout gbl = new GridBagLayout();   //创建 GridBagLayout 对象
②…   //创建空间限制 GridBagConstraints 的对象
③…   //生成组件，并设置 gbc 的值
④Gbl.setConstraints(组件，gbc);   //对组件施加空间限制
⑤add(组件);   //将组件添加到容器中

该布局管理器使用布局常量来决定布局的方式，这些常量包括在 GridBagConstraints 类中，其详细信息见表 9-15。

表 9–15　布局常量含义表

序号	常量名	常量含义
1	**anchor**	设置当前组件小于其显示区域时放置该组件的位置，默认值为 CENTER
（1）	CENTER	将组件放在有效区域的中央
（2）	EAST	将组件放在有效区域的右边
（3）	NORTH	将组件放在有效区域的顶边
（4）	NORTHEAST	将组件放在有效区域的右上角
（5）	NORTHWEST	将组件放在有效区域的左上角
（6）	SOUTH	将组件放在有效区域的中央底边
（7）	SOUTHEAST	将组件放在有效区域的右下角
（8）	SOUTHWEST	将组件放在有效区域的左下角
（9）	WEST	将组件放在有效区域的中央左边
2	**fill**	设置当组件小于其显示区域时，是否改变组件尺寸及改变尺寸的方法，默认值为 NONE
（1）	BOTH	直接填充组件四周的空间
（2）	NONE	不填充，使用缺省的尺寸
（3）	HORIZONTAL	直接填充组件水平方向的空间
（4）	VERTICAL	直接填充组件垂直方向的空间
3	**gridwidth（gridheight）**	设置组件所占的行/列数，常量 REMAINDER 指定该组件是该行/列最后一个，可以使用剩余的所有空间；RELATIVE 设置组件紧挨该行/列最后一个组件。默认值都为 1
4	**gridx（gridy）**	设置组件显示区域左端的单元。取值为 0 是最左/上端的单元，取值为 RELATIVE 作为前一个组件的右/下端
5	**insets**	设置组件与其显示区域的间距。默认值 Insets(0, 0, 0, 0) 表示上下左右都为 0，组件占满整个显示区域
6	**ipadx（ipady）**	将单元格内的组件的最小尺寸横向或纵向扩大，组件的宽度为 ipadx * 2，高度为 ipad * 2，单位是像素。若一个组件的尺寸为 30 × 10 像素，ipadx = 2，ipady = 3，则单元格内的组件最小尺寸为 34 × 16 像素
7	**weightx（weighty）**	容器尺寸变大，组件如何分配额外空间。取值从 0.0 到 1.0，意指从大小不变到额外空间的份额。默认值为 0.0

【例 9 – 11】使用 GridBagLayout 布局管理器。

```
package chapter09;
import java.awt.*;
```

```java
import javax.swing.*;
public class GridBagLayoutDemo extends JFrame
{
public GridBagLayoutDemo()
{   //创建网袋布局类对象、空间限制类对象,设置布局
    super("GridBagLayout 演示");
    Container c = getContentPane();              //得到框架的内容窗格
    GridBagLayout gbl = new GridBagLayout();     //为容器设置布局管理器
    GridBagConstraints gbc = new GridBagConstraints();
    //创建空间限制对象
    c.setLayout(gbl);                //为容器设置布局管理器
    //创建按钮 b1,为其添加空间限制
    JButton b1 = new JButton("button1");
    gbc.fill = GridBagConstraints.BOTH;
    //gbc.insets = new Insets(0,0,0,10);
                                    //参数依次表示上左下右方向的间距
    gbc.weightx = 1.0;
    gbc.weighty = 1.0;
    gbl.setConstraints(b1,gbc);
    c.add(b1);
    //创建按钮 b2,为其添加空间限制
    JButton b2 = new JButton("button2");
    //gbc.fill = GridBagConstraints.BOTH;
    gbc.gridwidth = GridBagConstraints.REMAINDER;
    gbl.setConstraints(b2,gbc);
    c.add(b2);
    //创建按钮 b3,为其添加空间限制
    JButton b3 = new JButton("button3");
    //gbc.weightx = 0.0;
    gbl.setConstraints(b3,gbc);
    c.add(b3);
    //创建按钮 b4,为其添加空间限制
    JButton b4 = new JButton("button4");
    gbc.gridwidth = 1;
    gbc.gridheight = 2;           //b4 垂直方向跨越 2 行
    gbl.setConstraints(b4,gbc);
    c.add(b4);
```

```
        //创建按钮 b5,为其添加空间限制
        JButton b5 = new JButton("button5");
        gbc.gridwidth = GridBagConstraints.REMAINDER;
        gbc.gridheight = 1;
        gbl.setConstraints(b5,gbc);
        c.add(b5);
        //创建按钮 b6,为其添加空间限制
        JButton b6 = new JButton("button6");
        gbc.gridwidth = GridBagConstraints.REMAINDER;
        gbc.gridheight = 1;
        gbl.setConstraints(b6,gbc);
        c.add(b6);
    }
    public static void main(String args[])
    {
        JFrame frame = new GridBagLayoutDemo();//创建一个顶层容器
        frame.setSize(200,150);
        frame.setVisible(true);
    }
}
```

程序运行效果如图 9 – 13 所示。

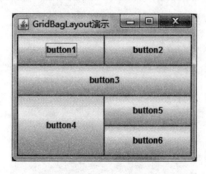

图 9 – 13　使用 GridBagLayout 布局管理器运行效果

9.4.6　空 布 局

除了通过以上介绍的各种布局管理器来设置组件位置外，Java 允许程序员不使用布局管理器而直接指定各个组件的位置，通过 setLayout(null) 设置容器为空布局管理器，再通过组件的 setLocation()、setSize()、setBounds() 方法对组件的位置和大小进行控制。

【例 9 – 12】使用 NullLayout 布局管理器。

```java
package chapter09;
import java.awt.*;
import javax.swing.*;
public class NullLayoutDemo extends JFrame{
//定义JFrame的子类
private JButton button = new JButton("Button");
//创建按钮
private JTextField textField = new JTextField("TextField");//创建文本框
    public NullLayoutDemo(){           //构造函数完成初始化
        super("NullLayout 演示");
        setDefaultCloseOperation(JFrame.EXIT_ON_CLOSE);
        setSize(300,200);             //设置窗口大小
        setLocation(400,400);           //设置窗体出现的位置
        setLayout(null);             //设置空布局
        button.setLocation(20,20);        //设置按钮出现的位置
        button.setSize(100,30);         //设置按钮出现的大小
        add(button);        //添加按钮
        textField.setBounds(20,60,200,100);//设置文本框的位置及其大小
        add(textField);         //添加文本框
    }
    public static void main(String[]args){
        NullLayoutDemo frame = new NullLayoutDemo();//创建对象
        frame.setVisible(true);   //设置窗体可见
    }
}
```

程序运行效果如图9-14所示。

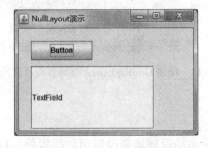

图9-14 使用NullLayout布局管理器运行效果

9.5 事件处理

Java GUI 编程是通过事件驱动的。在事件驱动编程机制中,程序的执行顺序不是完全取决于代码的编写顺序,而是根据事件(单击按钮或移动鼠标等)的发生顺序。

9.5.1 Java 事件模型

事件模型由事件、事件源和事件监听器 3 个部分组成,事件的响应通过委托模型来实现。

1. 事件

事件就是发生的事情。在 Java 中,用户通过键盘或鼠标与程序进行交互,用户对 GUI 程序进行一次操纵即产生一个事件,然后系统通知运行中的程序,程序对事件进行响应处理,完成与用户的交互。

在 Java 中,关于事件的信息被封装在一个事件对象中。所有的事件对象都是从 java.util.EventObject 类派生而来,如 ActionEvent 事件对象就是它的一个子类。

2. 事件源

事件源就是产生事件的对象,不同的事件源会产生不同的事件。例如,单击按钮时,将产生动作事件(ActionEvent);关闭窗体,将产生窗口事件(WindowEvent)。这里的按钮和窗体就是事件源。

3. 事件监听器

事件监听器负责侦听事件的产生,并根据事件对象中的信息来决定对事件的响应。当事件发生时,适当类型的事件对象被创建出来,该对象被传送给监听器,监听器必须实现所有事件处理方法的接口。一个事件源可以注册多个监听器,一个监听器也可以由多个事件源共享。监听器可用 addActionListener( ) 方法添加,用 removeActionListener( ) 方法删除。

4. Java 事件处理机制

Java 通过授权处理机制来进行事件处理,授权处理模型如图 9-15 所示。事件源首先要授权事件监听器负责对该事件源上事件的处理;用户的动作在事件源上可能产生多种事件对象,由于有了授权,不同的事件监听器会分别对不同的事件对象进行处理。

图 9-15 Java 事件授权处理模型

例如，根据用户在事件源 S 上的操作（鼠标或键盘），系统会自动触发此事件类对象 E，并通知所授权的事件监听者 L（需要事先调用事件源对象的 addXxxListener() 方法向 L 注册），事件监听者 L 根据自身处理各种事件的方法来会处理事件 E 的各种状况。

9.5.2 Java 事件类型

与 AWT 有关的事件类都是由 java.awt.AWTEVENT 类派生的，这些 AWT 事件分为两大类：低级事件和高级事件。低级事件是基于组件和容器的事件，高级事件是基于语义的事件。JavaAWT 低级事件名称及其行为见表 9-16。

表 9-16 JavaAWT 低级事件名称及其行为

事件类型	事件名称	触发行为
低级事件	ComponentEvent	组件事件，组件尺寸的变化和移动
	ContainerEvent	容器事件，组件增加和移动
	WindowEvent	窗口事件，关闭窗口、窗口活动和图标变化
	FocusEvent	焦点事件，焦点的获得和丢失
	KeyEvent	键盘事件，键盘的按下和释放
	MouseEvent	鼠标事件，鼠标单击和移动
常用方法	ActionEvent	动作事件，按钮按下、TextField 中按下 Enter 键
	AdjustmentEvent	调节事件，在滚动条上移动滑块和调节数值
	ItemEvent	项目事件，选择列表框中项目
	TextEvent	文本事件，文本对象发生改变

9.5.3 事件、监听器接口及适配器

为了编写好事件处理程序，必须了解 Java 中的事件类型以及对不同事件进行处理的接口名，最重要的是掌握各种接口中相对应事件的方法名称。不同的事件由不同的事件监听器监听，每一种事件都有相应的事件监听器接口，有些事件还有对应的适配器。

适配器实现了使用监听器（接口）的方法，但不做任何事。编写事件处理程序时，程序员在定义监听器类的时候直接继承事件适配器类，重写所需要的方法即可。一般情况下，只对一个以上的接口提供适配器，使用适配器进行事件处理时，只需要对特定的方法进行重写 Java 中的事件及其对应的监听器接口。比如，WindowListener 接口有 7 个方法，而很多程序可能只用到其中的 windowClosing 方法来完成窗口右上角关闭按钮的关闭程序功能。事件类型、监听器接口、方法及相应的适配器见表 9-17。

表 9-17 事件类型、监听器接口、方法及相应的适配器

序号	事件类型	监听器接口	方法	适配器类
1	ComponentEvent	ComponentListener	componentHidden（Component Event） componentMoved（Component Event） componentResized（Component Event） componentShown（Component Event）	ComponentAdapter （组件适配器）
2	ContainerEvent	ContainerListener	componentAdded（ContainerEven） componentRemoved（ContainerEven）	ContainerAdapter （容器适配器）
3	WindowEvent	WindowListener	windowActivated（WindowEvent） windowClosed（WindowEvent） windowClosing（WindowEvent） windowDeactivated（WindowEvent） window Deiconified（WindowEvent） windowIconified（WindowEvent） windowOpened（WindowEvent）	WindowAdapter （窗口适配器）
4	FocusEvent	FocusListener	focusGained（FocusEvent） focusLost（FocusEvent）	FocusAdapter （焦点适配器）
5	KeyEvent	KeyListener	keyPressed（KeyEvent） keyRelased（KeyEvent） keyTyped（KeyEvent）	KeyAdapter （键盘适配器）
6	MouseEvent	MouseMotionListener	mouseDragged（MouseEvent） mouseMoved（MouseEvent）	MouseMotionAdapter （鼠标移动适配器）
		MouseListener	mouseClicked（MouseEvent） mouseEntered（MouseEvent） mousePressed（MouseEvent） mouseReleased（MouseEvent）	MouseAdapter （鼠标适配器）
7	ActionEvent	ActionListener	actionPerformed（ActionEvent）	
8	AdjustmentEvent	AdjustmentListener	adjustmentValue（AdjustmentEvent）	
9	ItemEvent	ItemListener	itemStateChanged（ItemEvent）	
10	TextEvent	TextListener	textValueChanged（TextEvent）	

9.5.4 典型事件处理

9.3 节中的例 9-4 使用 JTextField 和 JpasswordField 创建对象实现登录界面，就属于对文

本框完成监听从而进行相关处理操作的典型例子。

GUI 程序中通常会使用鼠标和键盘来进行操作,从而引发鼠标事件和键盘事件。在表 9-17 中列出了鼠标事件监听器能够处理的事件。下面通过例子来简单介绍鼠标事件的处理。

【例 9-13】用 JApplet 作为画布,响应鼠标事件,在画布上画线和字符。

```java
package chapter09;
import java.awt.*;
import java.awt.event.*;
import javax.swing.*;
public class MouseKeyEventDemo extends JApplet
//该程序为小程序,主窗口为 JApplet
{
    private int lastX=0,lastY=0;    //变量用于记录上一次的坐标位置
    public void init(){
        addMouseListener(new RecordFocus());
    //添加获取鼠标位置的监听器
        addMouseMotionListener(new DrawLine());
    //添加拖动鼠标画线的监听器
    }
    protected void record(int x,int y){    //此方法记录焦点的坐标位置
        lastX=x;
        lastY=y;
    }
    private class RecordFocus extends MouseAdapter{
        public void mouseEntered(MouseEvent e){
            record(e.getX(),e.getY());    //记录焦点的坐标位置
        }
        public void mousePressed(MouseEvent e)  {
            record(e.getX(),e.getY());    //记录焦点的坐标位置
        }
    }
    private class DrawLine extends MouseMotionAdapter  {
        public void mouseDragged(MouseEvent e){
            Graphics g=getGraphics();    //得到绘制图形对象 g
            g.setColor(Color.red);    //设置绘制颜色为红色
            int x=e.getX();    //获取当前鼠标位置横坐标
            int y=e.getY();    //获取当前鼠标位置纵坐标
```

```
            g.drawLine(lastX,lastY,x,y);//在鼠标前后两个位置间画线
            record(x,y);           //记录当前鼠标位置
        }
    }
}
```

程序运行效果如图 9 – 16 所示。

图 9 – 16　鼠标事件示例运行效果

提醒：此程序将以 Java Applet 的方式在 Eclipse 中运行。

9.6　复杂 GUI 组件

复杂 GUI 组件主要包括单选按钮、复选框、列表框、组合框、菜单和工具栏。

9.6.1　单选按钮和复选框

1. 单选按钮（JRadioButton）

单选按钮可以让用户进行选择或者取消选择，但用户每次只能选择其中一个选项。JRadio 对象与 ButtonGroup 对象配合使用可创建一组按钮，保证用户一次只能选择其中一个选项。JRadioButton 的构造方法见表 9 – 18。

表9-18 JRadioButton 的构造方法

序号	方法名称	方法功能
1	JRadioButton()	使用空字符串标签创建一个单选按钮（没有图像，未选定）
2	JRadioButton(Icon icon)	使用图标创建一个单选按钮（没有文字，未选定）
3	JRadioButton(Icon icon, Boolean selected)	使用图标创建一个指定状态的单选钮（没有文字）
4	JRadioButton(String text)	使用字符串创建一个单选钮（未选定）
5	JRadioButton(String text, Boolean selected)	使用字符串创建一个单选钮
6	JRadioButton(String text, Icon icon)	使用字符串创建一个单选钮（未选定）
7	JRadioButton(String text, Icon icon, Boolean selected)	使用字符串创建一个单选钮（未选定）

【例9-14】用单选按钮（JRadioButton）实现政治面貌的选择。

```
package chapter09;
import java.awt.*;
import java.awt.event.*;
import javax.swing.*;
public class JRadioButtonDemo extends JFrame{
JLabel label;
JRadioButton radioButton1,radioButton2,radioButton3;
JPanel panel;
ButtonGroup group;
public JRadioButtonDemo(){
    super("单选按钮示例");
    Container c = getContentPane();      //得到框架的内容窗格
    //创建标签
    label = new JLabel("请选择:",JLabel.CENTER);
    c.add(label,BorderLayout.CENTER);
    //创建三个单选按钮
    radioButton1 = new JRadioButton("团员");
    radioButton1.setActionCommand("团员");
    radioButton2 = new JRadioButton("党员");
    radioButton2.setActionCommand("党员");
    radioButton3 = new JRadioButton("群众");
    radioButton3.setActionCommand("群众");
```

```
//创建单选按钮组
group = new ButtonGroup();
group.add(radioButton1);
group.add(radioButton2);
group.add(radioButton3);
//创建面板
panel = new JPanel();
panel.add(radioButton1);
panel.add(radioButton2);
panel.add(radioButton3);
c.add(panel,BorderLayout.SOUTH);
//设置监听器
RadioListener myListener = new RadioListener();
radioButton1.addActionListener(myListener);
radioButton2.addActionListener(myListener);
radioButton3.addActionListener(myListener);
}
public static void main(String args[]){
JFrame frame = new JRadioButtonDemo();
frame.setDefaultCloseOperation(JFrame.EXIT_ON_CLOSE);
frame.setSize(250,100);
frame.setVisible(true);
}
class RadioListener implements ActionListener{
public void actionPerformed(ActionEvent e){
    JRadioButton rb = (JRadioButton)e.getSource();
    label.setText("您选择的是:" + rb.getText());
    //设置标签上显示的文本
  }
 }
}
```

程序运行效果如图 9-17 所示。

图 9-17 单选按钮示例运行效果

2. 复选框（JCheckbox）

复选框（JCheckbox）允许用户在多种选项中选择一个或多个，是一个可处于"开"或"关"状态的图形组件。复选框的构造方法和常用方法见表 9-19。

表 9-19 JCheckbox 类的构造方法和常用方法

方法类型	方法名称	方法功能
构造方法	JCheckBox( )	使用空字符串标签创建一个复选框（没有图像，未选择）
	JCheckBox(Icon icon)	使用图标创建一个复选框（未选择）
	JCheckBox(Icon icon, Boolean selected)	使用图标创建一个指定状态的复选框
	JCheckBox(String text)	使用字符串创建一个复选框（未选择）
	JCheckBox(String text, Boolean selected)	使用字符串创建一个指定状态的复选框
	JCheckBox(String text, Icon icon)	同时使用字符和图标创建一个复选框（未选择）
	JCheckBox(String text, Icon icon, Boolean selected)	同时使用字符和图标创建一个指定状态的复选框
常用方法	String getLabel( )	获得此复选框的标签
	boolean getState( )	确定此复选框是否处于"开"或"关"的状态
	void setLabel(String label)	将此复选框的标签设置为字符串参数
	void setState(Boolean state)	将此复选框的状态设置为指定状态

【例 9-15】使用复选框（JCheckBox）设置文字样式。

```java
package chapter09;
import java.awt.*;
import java.awt.event.*;
import javax.swing.*;
public class JCheckBoxDemo extends JFrame{
private JTextField text;
private JCheckBox boldCheck,italicCheck;
public JCheckBoxDemo(){
    super("复选框示例");
    Container c=getContentPane();
    JPanel panel=new JPanel();
    //创建文本框,设置初始文本
    text=new JTextField("选中复选框,文字变化。",14);
    text.setForeground(Color.blue);          //设置字体颜色
    text.setFont(new Font("Serif",Font.PLAIN,14));
    c.add(text,BorderLayout.CENTER);
    //创建复选框
```

```java
    boldCheck = new JCheckBox("粗体");
    boldCheck.addItemListener(new StyleChange());
    panel.add(boldCheck);
    italicCheck = new JCheckBox("斜体");
    italicCheck.addItemListener(new StyleChange());
    panel.add(italicCheck);
    c.add(panel,BorderLayout.SOUTH);
    }
    private class StyleChange implements ItemListener{
//内部类处理事件
        public void itemStateChanged(ItemEvent e){
            int style = Font.PLAIN;
            if(boldCheck.isSelected())//判断"粗体"复选框是否被选中
                style + = Font.BOLD;
            if(italicCheck.isSelected())//判断"斜体"复选框是否被选中
                style + = Font.ITALIC;
            text.setFont(new Font("Serif",style,14));
            }
        }
    public static void main(String[] args){
    JFrame frame = new JCheckBoxDemo();
    frame.setDefaultCloseOperation(JFrame.EXIT_ON_CLOSE);
    frame.pack();
    frame.setVisible(true);
        }
}
```

程序运行如图 9-18 所示。

图 9-18 复选框的示例运行效果

9.6.2 列表框和组合框

1. 列表框（JList）

列表框能够显示一系列选项，用户可以从中选择一项或多项。列表框支持滚动条，使用户可以浏览多个选项。使用列表框可以减少用户的输入工作，为用户提供一种方便、快捷的操作方式。JList 类的构造方法和常用方法见表 9-20。

表 9-20 JList 类的构造方法和常用方法

方法类型	方法名称	方法功能
构造方法	JList( )	构造一个使用空模型的 JList
	JList(ListModel dataModel)	构造一个 JList，使其使用指定的非 null 模型显示元素
	JList(Object[ ] listData)	构造一个 JList，使其使用指定数组中的元素
	JList(Vector<?> listData)	构造一个 JList，使其使用指定 Vector 中的元素
常用方法	void clearSelection( )	清除选择内容，isSelectionEmpty 将返回 true
	void setSelectonMode(int selectionMode)	确定允许单项选择还是多项选择
	void setSelectedIndex(int index)	选择单个单元
	void setListData(Object[ ] listData)	根据一个 object 数组构造 ListModel，然后对应用 setModel

【例 9-16】使用列表框（JList）完成专业的选择。

```
package chapter09;
import java.awt.*;
import javax.swing.*;
import javax.swing.event.*;
class JListDemo extends JFrame{
    private JTextArea textArea;
    private JList list;
    private JPanel panel;
    public JListDemo(){
        super("列表框示例");
        Container c = getContentPane();
        c.setLayout(new FlowLayout());
        //创建文本框
        textArea = new JTextArea("你选择的是:\n",4,15);
        JScrollPane scrollPane1 = new JScrollPane(textArea);
        c.add(scrollPane1);
```

```
        //创建列表框
        String major[]={"软件技术","应用技术","网络技术","信息管理","图形图像制作"};
        list=new JList(major);
        list.setVisibleRowCount(4);          //设置列表显示的行数
        JScrollPane scrollPane2=new JScrollPane(list);
        list.addListSelectionListener(new MajorListener());
        c.add(scrollPane2);
    }
    class MajorListener implements ListSelectionListener{
        public void valueChanged(ListSelectionEvent e){
            int indexMajor=list.getSelectedIndex();
            //获取选中条目的索引
            Object majorSelect=list.getSelectedValue();
            //获取选中的条目
            String str1=new String(indexMajor+".");
            String str2=(String)majorSelect;
            textArea.setText("你选择的是:\n"+str1+str2+"\n");
        }
    }
    public static void main(String args[]){
        JFrame frame=new JListDemo();
        frame.setDefaultCloseOperation(JFrame.EXIT_ON_CLOSE);
        frame.setSize(250,200);
        frame.setVisible(true);
    }
}
```

程序运行效果如图 9-19 所示。

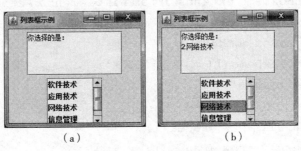

图 9-19 JList 示例运行效果

2. 组合框（JComboBox）

Swing 中使用 JComboBox 类来表示组合框组件。组合框的功能类似于列表框，但列表框只能选择，而组合框提供了一个文本框来进行文本的编辑。通常情况下，可以认为组合框是由"文本框+列表框"组成的，并且相对于列表框来说，组合框可以节约屏幕的空间。缺省情况下，组合框是不可编辑的，用户只能选择一个项目；如果将组合框声明为可编辑，用户也可以在文本框中直接输入自己的数据。组合框的构造方法和常用方法见表 9-21。

表 9-21　JComboBox 类的构造方法和常用方法

方法类型	方法名称	方法功能
构造方法	JComboBox( )	构造一个缺省模式的组合框
	JComboBox(Object [ ] items)	通过指定数组构造一个组合框
	JComboBox(Vector items)	通过指定向量构造一个组合框
	JComboBox(ComboBoxModel aModel)	通过一个 ComboBox 模式构造一个组合框
常用方法	int getItemCount( )	返回组合框中项目的个数
	int getSelectedIndex( )	返回组合框中所选项目的索引
	Object getSelectedItem( )	返回组合框中所选项目的值
	boolean isEditable( )	检查组合框是否可编辑
	void removeAllItems( )	删除组合框中所有项目
	void removeItem( )	删除组合框中指定项目
	void setEditable(Boolean aFlag)	设置组合框是否可编辑
	void setMaximumRowCount(int count)	设置组合框显示的最多行数

【例 9-17】使用组合框（JComboBox）实现政治面貌的选择。

```
package chapter09;
import java.awt.*;
import javax.swing.*;
import java.awt.event.*;
class JComboBoxDemo extends JFrame implements ActionListener{
    private JTextField textField;
    private JComboBox comboBox;
    public JComboBoxDemo(){
        super("组合框示例");
        Container c = getContentPane();
        JPanel panel1 = new JPanel();
        JPanel panel2 = new JPanel();
        //创建组合框
```

```java
        Label label1 = new Label("政治面貌:");
        String[] city = {"团员","党员","群众"};
            comboBox = new JComboBox(city);
            comboBox.setEditable(true);       //设置组合框为可编辑
            comboBox.addActionListener(this);
            panel1.add(label1);
        panel1.add(comboBox);
        c.add(panel1,BorderLayout.NORTH);
        //创建文本框
        Label label2 = new Label("您选择的是:");
        textField = new JTextField(10);
        panel2.add(label2);
        panel2.add(textField);
        c.add(panel2,BorderLayout.CENTER);
    }
    public void actionPerformed(ActionEvent e){
            Object citySelect = comboBox.getSelectedItem();
                                               //获取选中的条目
            String str = (String)citySelect;
            textField.setText(str);
    }
    public static void main(String args[]){
        JFrame frame = new JComboBoxDemo();
        frame.setDefaultCloseOperation(JFrame.EXIT_ON_CLOSE);
        frame.setSize(250,100);
        frame.setVisible(true);
        }
}
```

程序运行效果如图 9-20 所示。

图 9-20 JComboBox 示例运行效果

9.6.3 菜单和工具栏

1. 菜单栏

菜单一般放在顶层容器的顶部,要添加菜单,需要首先创建一个菜单栏对象(JMenubar),再创建菜单对象(JMenu)将其放入菜单栏中,然后向菜单里添加选项(JMenuItem)。用户选择菜单(JMenu)对象时,就可以打开其关联的下拉菜单,并从中选择某一菜单项以完成指定操作。JMenubar 构造方法为 JMenubar(),JMenuBar 类的常用方法见表 9-22。

表 9-22 JMenuBar 类的常用方法

序号	方法名称	方法功能
1	JMenu getMenu(int index)	返回菜单栏中指定位置的菜单
2	int getMenuCount()	返回菜单栏上的菜单数
3	void paintBorder(Graphics g)	如果 BorderPainted 属性为 true,则绘制菜单栏的边框
4	void setBorderPainted(boolean b)	设置是否应该绘制边框
5	void setHelpMenu(JMenu menu)	设置用户选择菜单栏中的"帮助"选项时显示的帮助菜单
6	void setMargin(Insets m)	设置菜单栏的边框与其菜单之间的空白
7	void setSelected(Component set)	设置当前选择的组件,更改选择模型

2. 下拉菜单

JMenu 类用来实现菜单。菜单(JMenu)是一个包含菜单项(JMenuItem)的弹出窗口,这些菜单项在用户选择菜单栏(JMenuBar)上的选项时会显示出来。除 JMenuItem 之外,JMenu 还可以包含分隔条(JSeparator)。

JMenu 类的构造方法和常用方法见表 9-23。

表 9-23 JMenu 类的构造方法和常用方法

方法类型	方法名称	方法功能
构造方法	JMenu()	构造一个没有文本的新 JMenu
	JMenu(Action a)	构造一个从提供的 Action 中获取其属性的菜单
	JMenu(String s)	构造一个新 JMenu,用提供的字符串作为其文本
	JMenu(String s, Boolean b)	构造一个 JMenu,用提供的字符串作为其文本并指定是否为分离式(tear-off)菜单
常用方法	void add()	将组件或菜单项追加到此菜单项的末尾
	void addMenuListener(MenuListener l)	添加菜单事件的监听器
	void addSeparator()	将新分隔符追加到菜单的末尾

续表

方法类型	方法名称	方法功能
常用方法	void doClick(int pressTime)	以编程方式执行"单击"
	JMenuItem getItem(int pos)	返回指定位置的 JMenuItem
	int getItemCount()	返回菜单上的项数,包括分隔符
	JMenuItem insert(Action a, int pos)	在给定位置插入连接到指定 Action 对象的新菜单项
	JMenuItem insert(JMenuItem mi, int pos)	在给定位置插入指定的 JMenuItem
	void insert(String s, int pos)	在给定的位置插入一个具有指定文本的新菜单项
	void insertSeparator(int index)	在指定的位置插入分隔符
	boolean isSelected()	如果菜单是当前选择的(即突出显示的)菜单,则返回 true
	void remove()	从菜单移除组件或菜单项
	void removeAll()	从菜单移除所有菜单项
	void setDelay(int d)	设置菜单的 PopupMenu 向上或向下弹出前建议的延迟
	void setMenuLocation(int x, int y)	设置弹出组件的位置

3. 菜单项

JMenuItem 用来实现菜单中的选项。菜单项本质上是位于列表中的按钮,当用户选择"按钮"时,将执行与菜单项关联的操作。JMenuItem 类的构造方法和常用方法见表 9 – 24。

表 9 – 24 **JMenuItem 类的构造方法和常用方法**

方法类型	方法名称	方法功能
构造方法	JMenuItem()	创建不带有设置文本或图标的 JMenuItem
	JMenuItem(Action a)	创建一个从指定的 Action 获取其属性的菜单项
	JMenuItem(Icon icon)	创建带有指定图标的 JMenuItem
	JMenuItem(String text)	创建带有指定文本的 JMenuItem
	JMenuItem(String text, Icon icon)	创建带有指定文本和图标的 JMenuItem
	JMenuItem(String text, int mnemonic)	创建带有指定文本和键盘助记符的 JMenuItem
常用方法	boolean isArmed()	返回菜单项是否被"调出"
	void setArmed(boolean b)	将菜单项标记为"调出"
	void setEnabled(boolean b)	启用或禁用菜单项

【例 9 – 18】使用菜单(JMenu)创建文件菜单。

```java
package chapter09;
import java.awt.*;
import java.awt.event.*;
import javax.swing.*;
public class JMenuDemo extends JFrame implements ActionListener{
    JTextField textField;
    JPopupMenu popup;
    public JMenuDemo(){
        super("菜单示例");
        //创建下拉菜单
        JMenuBar mb=new JMenuBar();//创建菜单条
        setJMenuBar(mb);
        JMenu file=new JMenu("文件(F)");//创建菜单
        file.setMnemonic('F');         //快捷键Alt+F
        JMenu edit=new JMenu("编辑");
        JMenu help=new JMenu("帮助");
        mb.add(file);
        mb.add(edit);
        mb.add(help);
        JMenuItem open=new JMenuItem("打开(O)");//创建菜单项
        open.setMnemonic('O');         //快捷键Alt+O
        open.addActionListener(this);
        JMenuItem save=new JMenuItem("保存");
        save.addActionListener(this);
        JMenuItem exit=new JMenuItem("退出");
        exit.addActionListener(this);
        file.add(open);
        file.add(save);
        file.addSeparator();//添加分隔线
        file.add(exit);
        edit.add(new JCheckBoxMenuItem("撤销"));//创建复选菜单项
        help.add("帮助主题");
        help.add("搜索");
        help.addSeparator();
        help.add("关于…");
        //创建弹出式菜单
        popup=new JPopupMenu();
```

```java
            JMenuItem cut=new JMenuItem("剪切");
            JMenuItem copy=new JMenuItem("复制");
            JMenuItem paste=new JMenuItem("粘贴");
            popup.add(cut);
            popup.add(copy);
            popup.add(paste);
            //实现弹出式菜单
            getContentPane().addMouseListener(new MouseAdapter(){
    //内嵌式类实现事件监听
                public void mouseReleased(MouseEvent e){
                    if(e.isPopupTrigger()){
                        popup.show(e.getComponent(),e.getX(),e.getY());
    //显示弹出式菜单
                    }
                }
            });
            //添加文本框
            textField=new JTextField();
            getContentPane().add(textField,BorderLayout.SOUTH);
        }
        public void actionPerformed(ActionEvent e){
            JMenuItem select=(JMenuItem)e.getSource();
            textField.setText("你选择的是:"+select.getText());
    //得到单击菜单项上的文本并显示
        }

    public static void main(String args[]){
        JFrame frame=new JMenuDemo();
        frame.setDefaultCloseOperation(JFrame.EXIT_ON_CLOSE);
        frame.setSize(300,200);
        frame.setVisible(true);
        }
}
```

程序运行效果如图 9-21 所示。

4. 工具栏

工具栏是窗口中提供的一种快捷操作的功能区。通过工具栏上的按钮,可以得到快捷的功能,Swing 中通过 JToolBar 类提供这种功能。JToolBar 类的构造方法和常用方法见表 9-25。

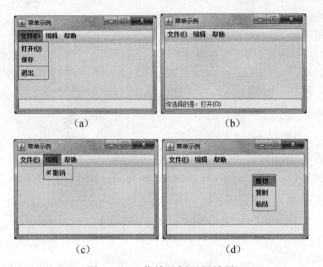

图 9-21 菜单示例运行效果

表 9-25 JToolBar 类的构造方法和常用方法

方法类型	方法名称	方法功能
构造方法	JToolBar( )	创建一个默认为水平方向的工具栏
	JToolBar(int orientation)	创建一个指定方向的工具栏
	JToolBar(String name)	创建一个指定名称的工具栏
	JToolBar(String name, int orientation)	创建一个指定名称和指定方向的工具栏
常用方法	JButton add(Action a)	添加一个指派操作的新 JButton
	void addSeparator( )	将分隔符追加到工具栏的末尾
	void setMargin(Insets m)	设置工具栏边框和它的按钮之间的空白
	void setOrientation(int o)	设置工具栏的方向
	void setRollover(boolean rollover)	设置此工具栏的 rollover 状态

9.7 高级 GUI 组件

高级 GUI 组件主要包括常用的对话框、表格和树。

9.7.1 对话框

Java 桌面程序中，简单的对话框可以使用 Swing 中的 JOptionPane 类来实现，JOptionPane 类中包含了许多 showXXXDialog 格式的方法，使用不同的方法可以得到不同类型的对话框，这些方法见表 9-26。同时，JOptionPane 中有许多参数，其中 messageType 用来定义信息类型，它可以使用的常量见表 9-26；optionType 用来定义在对话框上的操作按钮，它可以使用的常量见表 9-27。用户单击对话框上的按钮后，将返回一个整数，返回值常量见表 9-27。

表 9-26 对话框类型和信息类型

类型	名称	含义
对话框类型	showConfirmDialog	获得一个用户确认的对话框
	showInputDialog	可以接收用户输入的对话框
	showMessageDialog	用户提供相关信息的对话框
	showOptionDialog	综合上面3种应用的对话框
消息类型	ERROR_MESSAGE	错误消息
	INRMATION_MESSAGE	提示消息
	WARNING_MESSAGE	警告消息
	QUESTION_MESSAGE	问题消息
	PLAN_MESSAGE	普通消息

表 9-27 操作按钮类型和返回值类型

类型	名称	含义
操作按钮	DEFAULT_OPTION	默认的操作按钮
	YES_NO_OPTION	有 yes 和 no 按钮
	YES_NO_CANCEL_OPTION	有 yes、no 和 cancel 按钮
	OK_CANCEL_OPTION	有 ok 和 cancel 按钮
返回按钮	YES_OPTION	单击的是 yes 按钮
	NO_OPTION	单击的是 no 按钮
	CANCEL_OPTION	单击的是 cancel 按钮
	OK_OPTION	单击的是 ok 按钮
	CLOSED_OPTION	单击的是关闭按钮

【例 9-19】各类型对话框示例演示。

```
package chapter09;
import java.awt.event.*;
import javax.swing.*;
public class JOptionPaneDemo implements ActionListener{
    private JFrame jf = new JFrame("对话框演示");
    public static void main(String[] args){
        new JOptionPaneDemo().createUI();
    }
    public void createUI(){
```

```java
        JToolBar jtb=new JToolBar();              //添加工具栏
        String[]s={"错误","选择","警告","退出确认","提示",};
        int size=s.length;
        JButton[]button=new JButton[size];
        for(int i=0;i<size;i++){
            button[i]=new JButton(s[i]);
            button[i].addActionListener(this);
            jtb.add(button[i]);
        }
        jf.add(jtb,"North");
        jf.setSize(350,150);
        jf.setLocation(400,200);
        jf.setDefaultCloseOperation(JFrame.EXIT_ON_CLOSE);
        jf.setVisible(true);
    }
    public void actionPerformed(ActionEvent e){
        String s=e.getActionCommand();
        if(s.equals("错误")){                //错误消息
            JOptionPane.showMessageDialog(null,"要显示的错误信息---",
                "错误提示",JOptionPane.ERROR_MESSAGE);
        }
        else if(s.equals("选择")){           //提示消息
            Object[]possibleValues={"北京","上海","重庆","深圳"};
            Object selectedValue=JOptionPane.showInputDialog(null,
                "Choose one","选择提示",JOptionPane.INFORMATION_MESSAGE,null,
                possibleValues,possibleValues[0]);
            String choose=(String)selectedValue;
            if(choose!=null){
                System.out.println("你选择的是:"+choose);
            }
        }
        else if(s.equals("警告")){                    //警告消息
            Object[]options={"继续""撤销"};
            int result=JOptionPane.showOptionDialog(null,
                "本操作可能导致数据丢失","警告提示",JOptionPane.DEFAULT_OPTION,
```

```
            JOptionPane.WARNING_MESSAGE,null,options,options[0]);
        if(result==0){
            System.out.println("继续操作---");
        }
    }
    else if(s.equals("退出确认")){                    //问题消息
        int result = JOptionPane.showConfirmDialog(null,
            "推出前是否保存程序?");
        if(result==JOptionPane.YES_OPTION){
          System.out.println("保存程序---");
          System.exit(0);
        }
        else if(result==JOptionPane.NO_OPTION){
          System.exit(0);
        }
    }
    else if(s.equals("提示")){                        //普通消息
      JOptionPane.showMessageDialog(null,"要显示的错误信息---",
          "普通提示",JOptionPane.PLAIN_MESSAGE);
    }
   }
}
```

程序运行效果如图 9-22 所示。

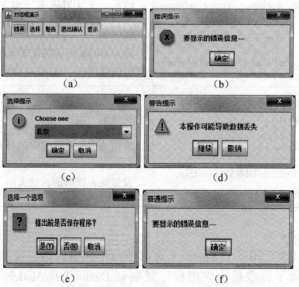

图 9-22 常用对话框示例运行效果

9.7.2 表格

JTable 类为显示大块数据提供了一种简单的机制,是用来显示和编辑规则的二维单元表。设计使用 JTable 的应用程序时,尤其要注意用来表示数据的数据结构。选择最适合数据的内部表示形式时,一般在需要创建子类时将 AbstractTableModel 作为基类,在不需要子类时则使用 DefaultTableModel。

JTable 的构造方法和常用方法见表 9-28。

表 9-28 JTable 类的构造方法与常用方法

方法类型	方法名称	方法功能
构造方法	JTable()	构造一个默认的 JTable,使用默认的数据模型、列模型和选择模型对其进行初始化
	JTable(int numRows, int numColumns)	使用 DefaultTableModel 构造具有 numRows 行和 numColumns 列个空单元格的 JTable
	JTable(Object [] rowData, Object [] columnNames)	构造一个 JTable 来显示二维数组 rowData 中的值,其列名称为 columnNames
	JTable(TableModel dm)	构造一个 JTable,使用数据模型 dm、默认的列模型和默认的选择模型对其进行初始化
	JTable(TableModel dm, TableColumn-Model cm)	构造一个 JTable,使用数据模型 dm、列模型 cm 和默认的选择模型对其进行初始化
	JTable(TableModel dm, TableColumn-Model cm, ListSelectionModel sm)	构造一个 JTable,使用数据模型 dm、列模型 cm 和选择模型 sm 对其进行初始化
	JTable(Vector rowData, Vector column-Names)	构造一个 JTable 来显示 Vector 所组成的 Vector-rowData 中的值,其列名称为 columnNames
常用方法	void add Column(TableColumn aColumn)	将 aColumn 追加到此 JTable 的列模型所保持的列数组的结尾
	void addColumnSelectionInterval(int index0, int index1)	将从 index0 到 index1(包含)之间的列添加到当前选择中
	void clearSelection()	取消选中所有已选定的行和列
	void setPreferredScrollableViewportSize(Diension size)	设置此表视口的首选大小

1. DefaultTableModel 类

DefaultTableModel 类使用一个 Vector 来存储所有单元格的值,该 Vector 由包含多个 Object 的 Vector 组成。除了将数据从应用程序复制到 DefaultTableModel 中之外,还可以通过 TableModel 接口的方法来包装数据,从而将数据直接传递到 JTable,以提高应用程序的效

率。具体方法如下:

①创建向量 Vector 以保存数据库中的数据;

②创建向量保存每列标题;

③创建表格数据模型 DefaultTableModel;

④创建表格对象 JTable;

⑤将 JTable 加入到滚动的面板 JScrollPane 中;

⑥将 JScrollPane 加入到 JFrame 中。

2. AbstractTableModel 类

在应用 JTable 时,常常用到 AbstractTableModel 类,其常用方法见表 9 – 29。

表 9 – 29　AbstractTableModel 类常用方法

序号	方法名称	方法功能
1	int getRowCount( )	返回表格中的行数
2	int getColumnCount	返回表格中的列数
3	Object getValueAt(int row, int colum)	返回指定单元格的值
4	isCellEditable(int rowIndex, int columnIndex)	检查指定单元格是否可编辑
5	setValueAt(Object aValue, int rowIndex, int columnIndex)	设置指定单元格的值

【例 9 – 20】使用表格(JTable)完成将一个用户登录信息以表格形式显示。

```
package chapter09;
import java.awt. * ;
import javax.swing. * ;
public class TableDemo extends JFrame{    //表格使用演示
//设置表标题
final String[]strColumn = {"序号","用户名","密码","登录 IP","登录时间"};
//初始化表数据
final Object[][]objData = {
    {new Integer(1),"cyp","123","61.187.96.8","2015 -1 -18"},
    {new Integer (2),"zyq","123456","212.184.12.24","2015 - 1 - 18"},
    {new Integer(3),"dm","123789","61.187.96.9","2015 -1 -18"},
    {new Integer(4),"wl","654321","212.184.12.6","2015 -1 -19"},
    {new Integer(5),"hs","201213","192.168.0.12","2015 -2 -18"},
    {new Integer(6),"wzj","20150002","200.168.12.34","2015 -2 - 18"},
    };
```

```
public TableDemo(){
    super("用户登录信息");
    JTable tbshow = new JTable(objData,strColumn);
    JScrollPane scrollpane = new JScrollPane(tbshow);
    getContentPane().add(scrollpane,BorderLayout.CENTER);
    setSize(400,150);
    setVisible(true);
}
public static void main(String args[]){
    new TableDemo();
}
}
```

程序运行效果如图 9-23 所示。

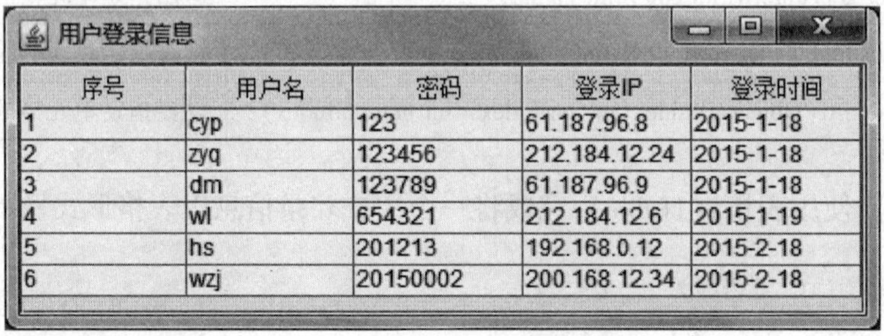

图 9-23　JTable 示例运行效果

9.7.3　树

JTree 类可以通过构造树状图来展现一组层次关系分明的数据，从而给用户一个直观而易用的感觉（形如 Windows 操作系统的资源管理器）。JTree 的主要功能是把数据按照树状进行显示，它并没有包含实际的数据，只是提供了数据的一个视图。

树中显示的每一行包含一项数据，称为节点（node）。每棵树有一个根节点（root node），其他所有节点都是根节点的子孙。默认情况下，树只显示根节点，但可以通过设置改变默认显示方式。一个节点可以拥有孩子，也可以不拥有任何子孙，那些可以拥有孩子（不管当前是否有孩子）的节点称为"分支节点"（branch nodes），而不能拥有子孙的节点称为"叶子节点"（leaf nodes）。一个树的节点最多可以有 1 个父节点、0 或多个子节点。分支节点可以有任意多个孩子。通常，用户可以通过单击实现展开或者折叠分支节点，使得它们的孩子可见或者不可见。默认情况下，除了根节点以外的所有分支节点都呈现折叠状态。

JTree 的构造方法和常用方法见表 9-30。

表 9–30 JTree 的构造方法和常用方法

方法类型	方法名称	方法功能
构造方法	JTree( )	返回带有示例模型的 JTree
	JTree(Hashtable <?,? > value)	返回从 Hashtable 创建的 JTree，它不显示根
	JTree(Object[ ] value)	返回 JTree，指定数组的每个元素作为不被显示的新根节点的子节点
	JTree(TreeModel newModel)	返回 JTree 的一个实例，它显示根节点，并使用指定的数据模型创建树
	JTree(TreeNode root)	返回 JTree，指定的 TreeNode 作为其根，它显示根节点
	JTree(TreeNode root, booleanasksAllowsChildren)	返回 JTree，指定的 TreeNode 作为其根，它用指定的方式显示根节点，并确定节点是否为叶节点
	JTree(Vector <? > value)	返回 JTree，指定 Vector 的每个元素作为不被显示的新根节点的子节点
常用方法	void addSelectionRow(int row)	将指定行处的路径添加到当前选择
	void cancelEditing( )	取消当前编辑会话
	void collapseRow(int row)	确保指定行中的节点是折叠的
	viod clearSelection( )	清除该选择
	int collpseRow(int row)	确保指定行中的节点是折叠的
	void expandRow(int row)	确保指定当前行中的节点展开，且可查看
	TreePath getEditingPath( )	返回当前正在编辑的元素的路径
	int getRowCount( )	返回当前显示的行数
	int getSelectionCount( )	返回选择的节点数
	void setToggleClickCount(int clickCount)	在节点展开或关闭之前，设置鼠标单击数
	void setEditable(boolean flag)	确定树是否可编辑
	void setVisibleRowCount(int newCount)	设置要显示的行数

【例 9–21】使用 JTree 完成一个系部专业的树状图显示。

```
package chapter09;
import javax.swing.*;
import javax.swing.tree.*;
public class TreeDemo extends JFrame{
JTree tree;
DefaultMutableTreeNode trMajor;
```

```
DefaultMutableTreeNode trpc,trjd,trEco;
DefaultMutableTreeNode trpc1,trpc2,trpc3,
trpc4,trjd1,trjd2,trjd3,trEco1,trEco2,trEco3;
public TreeDemo(){
    //根结点
    trMajor=new DefaultMutableTreeNode("系部专业汇总");
    //二级结点
    trpc=new DefaultMutableTreeNode("计算机工程系");
    trjd=new DefaultMutableTreeNode("机电工程系");
    trEco=new DefaultMutableTreeNode("电子工程系");
    //三级结点
    trpc1=new DefaultMutableTreeNode("计算机应用");
    trpc2=new DefaultMutableTreeNode("软件技术");
    trpc3=new DefaultMutableTreeNode("网络技术");
    trpc4=new DefaultMutableTreeNode("信息管理");
    trjd1=new DefaultMutableTreeNode("机电一体化");
    trjd2=new DefaultMutableTreeNode("模具设计");
    trjd3=new DefaultMutableTreeNode("汽车营销");
    trEco1=new DefaultMutableTreeNode("影视多媒体");
    trEco2=new DefaultMutableTreeNode("电子信息");
    trEco3=new DefaultMutableTreeNode("通信技术");
    //添加三级结点
    trpc.add(trpc1);
    trpc.add(trpc2);
    trpc.add(trpc3);
    trpc.add(trpc4);
    trjd.add(trjd1);
    trjd.add(trjd2);
    trjd.add(trjd3);
    trEco.add(trEco1);
    trEco.add(trEco2);
    trEco.add(trEco3);
    //添加二级结点
    trMajor.add(trpc);
    trMajor.add(trjd);
    trMajor.add(trEco);
    tree=new JTree(trMajor);//以 trMajor 为参数创建根目录
```

```
    tree.collapseRow(1);//总是显示根目录在前
    tree.setToggleClickCount(1);//设置鼠标单击数
    this.getContentPane().add(tree);
    setSize(300,300);
        setVisible(true);
    setTitle("系部管理");
 }
 public static void main(String args[])  {
    new TreeDemo();
 }
  }
```

程序运行效果如图 9-24 所示。

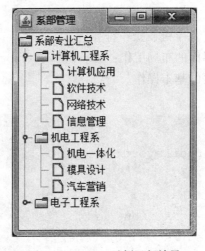

图 9-24　JTree 示例运行效果

9.8　案例分析：简易计算器

利用本章所学的常用组件、布局管理器、事件处理等知识完成一个具有一定功能的综合实例。

9.8.1　案例情景——简易计算器

编写一个简易计算器，完成计算器具备的常规计算，如加（+）、减（-）、乘（*）、除（/）、开方（sqrt）等。

9.8.2 运行结果

程序运行效果如图9-25所示。

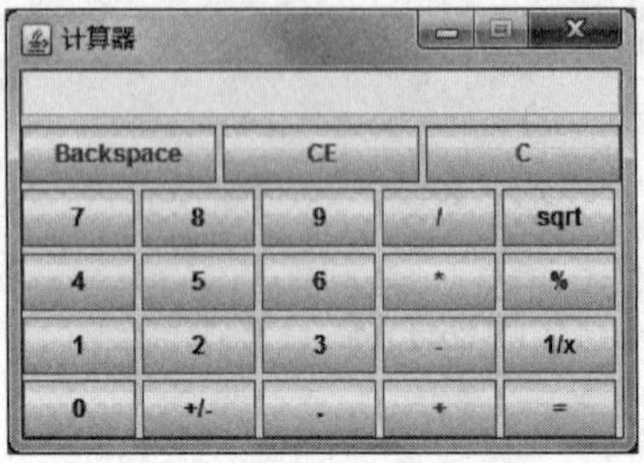

图9-25 简易计算器运行效果

9.8.3 实现方案

1. 案例分析

①定义计算器中功能键（数字键、操作符等）；
②利用布局管理器完成界面的布局工作；
③利用事件处理完成程序的基本操作。

2. 参考程序代码

```java
package chapter09;
import java.awt.BorderLayout;
import java.awt.Color;
import java.awt.GridLayout;
import java.awt.event.ActionEvent;
import java.awt.event.ActionListener;
import javax.swing.JButton;
import javax.swing.JFrame;
import javax.swing.JPanel;
import javax.swing.JTextField;
//一个计算器,功能、界面与Windows附件自带计算器的标准版相仿
public class Calculator extends JFrame implements ActionListener{
    //计算器上的键的显示名字
    private final String[] KEYS ={"7","8","9","/","sqrt","4","5","6",
        "*","%","1","2","3","-","1/x","0","+/-",".","+","="};
    //计算器上的功能键的显示名字
    private final String[] COMMAND ={"Backspace","CE","C"};
    //计算器上键的按钮
    private JButton keys[] = new JButton[KEYS.length];
```

```java
//计算器上的功能键的按钮
private JButton commands[] = new JButton[COMMAND.length];
//计算结果文本框
private JTextField resultText = new JTextField("");
//标志用户按的是否是整个表达式的第一个数字,或者是运算符后的第一个数字
private boolean firstDigit = true;
//计算的中间结果
private double resultNum = 0.0;
//当前运算的运算符
private String operator = "=";
//操作是否合法
private boolean operateValidFlag = true;
public Calculator(){        //构造函数
    super();
    //初始化计算器
    init();
    //设置计算器的背景颜色
    this.setBackground(Color.LIGHT_GRAY);
    this.setTitle("计算器");
    //在屏幕(500,300)坐标处显示计算器
    this.setLocation(500,300);
    //不许修改计算器的大小
    this.setResizable(false);
    //使计算器中各组件大小合适
    this.pack();
}
private void init(){        //初始化计算器
    //文本框中的内容采用右对齐方式
    resultText.setHorizontalAlignment(JTextField.RIGHT);
    //不允许修改结果文本框
    resultText.setEditable(false);
    //设置文本框背景颜色为白色
    resultText.setBackground(Color.white);
    //初始化计算器上键的按钮,将键放在一个画板内
    JPanel calckeysPanel = new JPanel();
    /*用网格布局器设置4行5列的网格,网格之间的水平方向间隔为3个像素,垂直方向间隔为3个像素*/
```

```
        calckeysPanel.setLayout(new GridLayout(4,5,3,3));
        for(int i=0;i<KEYS.length;i++){
            keys[i]=new JButton(KEYS[i]);
            calckeysPanel.add(keys[i]);
            keys[i].setForeground(Color.blue);
        }
        //运算符键用红色表示,其他键用蓝色表示
        keys[3].setForeground(Color.red);
        keys[8].setForeground(Color.red);
        keys[13].setForeground(Color.red);
        keys[18].setForeground(Color.red);
        keys[19].setForeground(Color.red);
        //初始化功能键,都用红色表示,并将功能键放在一个画板内
        JPanel commandsPanel=new JPanel();
        /*用网格布局器设置,1 行、3 列的网格,网格之间的水平方向间隔为 3 个像素,
垂直方向间隔为 3 个像素*/
        commandsPanel.setLayout(new GridLayout(1,3,3,3));
        for(int i=0;i<COMMAND.length;i++){
            commands[i]=new JButton(COMMAND[i]);
            commandsPanel.add(commands[i]);
            commands[i].setForeground(Color.red);
        }
        JPanel calmsPanel=new JPanel();
        /*用网格布局管理器设置 5 行、1 列的网格,网格之间的水平方向间隔为 3 个像
素,垂直方向间隔为 3 个像素*/
        calmsPanel.setLayout(new GridLayout(5,1,3,3));
        /**下面进行计算器的整体布局:将 calckeys 和 command 画板放在计算器的
中部,将文本框放在北部,将 calms 画板放在计算器的西部。
新建一个大的画板,将上面建立的 command 和 calckeys 画板放在该画板内*/
        JPanel panel1=new JPanel();
        /**画板采用边界布局管理器,画板里组件之间的水平和垂直方向上间隔都为 3
像素*/
        panel1.setLayout(new BorderLayout(3,3));
        panel1.add("North",commandsPanel);
        panel1.add("West",calckeysPanel);
        //建立一个画板放文本框
        JPanel top=new JPanel();
```

```
            top.setLayout(new BorderLayout());
            top.add("Center",resultText);
            //整体布局
            getContentPane().setLayout(new BorderLayout(3,5));
            getContentPane().add("North",top);
            getContentPane().add("Center",panel1);
            getContentPane().add("West",calmsPanel);
            /*为各按钮添加事件侦听器,都使用同一个事件侦听器,即本对象。本类的声明
中有 implements ActionListener */
            for(int i=0;i<KEYS.length;i++){
                keys[i].addActionListener(this);
            }
            for(int i=0;i<COMMAND.length;i++){
                commands[i].addActionListener(this);
            }
        }
        public void actionPerformed(ActionEvent e){   //处理事件
            //获取事件源的标签
            String label=e.getActionCommand();
            if(label.equals(COMMAND[0])){
                //用户按了"Backspace"键
                handleBackspace();
            }else if(label.equals(COMMAND[1])){
                //用户按了"CE"键
                resultText.setText("0");
            }else if(label.equals(COMMAND[2])){
                //用户按了"C"键
                handleC();
            }else if("0123456789.".indexOf(label)>=0){
                //用户按了数字键或者小数点键
                handleNumber(label);
            }else{
                //用户按了运算符键
                handleOperator(label);
            }
        }
        private void handleBackspace(){    //处理Backspace键被按下的事件
```

```java
            String text = resultText.getText();
            int i = text.length();
            if(i>0){
                //退格,将文本最后一个字符去掉
                text = text.substring(0,i-1);
                if(text.length()==0){
                    //如果文本没有了内容,则初始化计算器的各种值
                    resultText.setText("0");
                    firstDigit = true;
                    operator = "=";
                }else{
                    //显示新的文本
                    resultText.setText(text);
                }
            }
        }
        private void handleNumber(String key){       //处理数字键被按下的事件
            if(firstDigit){
                //输入的第一个数字
                resultText.setText(key);
            }else if((key.equals("."))&&(resultText.getText().indexOf(".")<0)){
                /**输入的是小数点,并且之前没有小数点,则将小数点附在结果文本框的后面*/
                resultText.setText(resultText.getText()+".");
            }else if(!key.equals(".")){
                //如果输入的不是小数点,则将数字附在结果文本框的后面
                resultText.setText(resultText.getText()+key);
            }
            //以后输入的肯定不是第一个数字了
            firstDigit = false;
        }
        private void handleC(){    //处理C键被按下的事件
            //初始化计算器的各种值
            resultText.setText("");
            firstDigit = true;
            operator = "=";
```

```java
    }
    private void handleOperator(String key){
    //处理运算符键被按下的事件
        if(operator.equals("/")){
            //除法运算
            //如果当前结果文本框中的值等于0
            if(getNumberFromText()= =0.0){                    //操作不合法
                operateValidFlag=false;
                resultText.setText("除数不能为零");
            }else{
                resultNum/=getNumberFromText();
            }
        }else if(operator.equals("1/x")){
            //倒数运算
            if(resultNum= =0.0){
                //操作不合法
                operateValidFlag=false;
                resultText.setText("零没有倒数");
            }else{
                resultNum=1/resultNum;
            }
        }else if(operator.equals("+")){
            //加法运算
            resultNum+=getNumberFromText();
        }else if(operator.equals("-")){
            //减法运算
            resultNum-=getNumberFromText();
        }else if(operator.equals("*")){
            //乘法运算
            resultNum*=getNumberFromText();
        }else if(operator.equals("sqrt")){
            //平方根运算
            resultNum=Math.sqrt(resultNum);
        }else if(operator.equals("%")){
            //百分号运算,除以100
            resultNum=resultNum/100;
        }else if(operator.equals("+/-")){
```

```java
            //正数负数运算
            resultNum = resultNum * (-1);
        }else if(operator.equals("=")){
            //赋值运算
            resultNum = getNumberFromText();
        }
        if(operateValidFlag){
            //双精度浮点数的运算
            long t1;
            double t2;
            t1 = (long)resultNum;
            t2 = resultNum - t1;
            if(t2 == 0){
                resultText.setText(String.valueOf(t1));
            }else{
                resultText.setText(String.valueOf(resultNum));
            }
        }
        //运算符等于用户按的按钮
        operator = key;
        firstDigit = true;    operateValidFlag = true;
    }
    private double getNumberFromText(){
    //从结果文本框中获取数字
        double result =0;
        try{
            result = Double.valueOf(resultText.getText()).doubleValue();
        }catch(NumberFormatExceptione){
        }
        return result;
    }
    public static void main(String args[]){
        Calculator Calculator1 = new Calculator();
        Calculator1.setVisible(true);
        Calculator1.setDefaultCloseOperation(JFrame.EXIT_ON_CLOSE);
    }
}
```

9.9 任务训练——图形用户界面的设计

9.9.1 训练目的

(1) 掌握常用容器的使用;
(2) 掌握布局管理器的使用;
(3) 掌握简单、复杂、高级组件的使用;
(4) 掌握事件处理机制的运用。

9.9.2 训练内容

1. 完成对正文中各段代码程序效果的演示。
2. 完成思考与练习中程序的编写与调试。
3. 编写一个程序,实现用户登录过程。用户名为"admin",密码为"password",登录过程显示输入的用户信息,并在输入密码不成功时进行提示,成功后显示"登录成功",还可以按"重置"按钮重新完成用户名和密码的输入验证,运行效果如图9-26所示。(源文件为:Login.java)

【程序效果】

程序运行效果如图9-26所示。

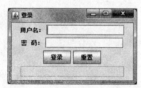
初始状态

用户名文本框中按下回车键

密码框中按回车键或单击登录
(密码有错)

密码框中按回车键或单击登录
(成功登录)

图9-26 登录程序运行效果

【解题思路】

(1) 界面组件涉及用于接收输入的两个文本框、回显提示信息的文本框;登录与重置两个按钮;
(2) 借助流式布局,利用setResizable()控制窗口大小;
(3) 编写事件处理程序,完成登录与重置过程。

【参考程序】

```java
package chapter09;
import java.awt.*;
import javax.swing.*;
import java.awt.event.*;
class Login extends JFrame implements ActionListener{
    public static final String NAME = "admin";
    //设定用户名为"name"
    public static final String PASSWORD = "password";
                                            //设定密码为"password"
    private JTextField textName;
    private JPasswordField textPassword;
    private JTextField textCheck;
    private JButton ok;
    private JButton reset;
    public Login(){
        super("登录");
        this.setLocation(500,300);    //在屏幕(500,300)坐标处显示计算器
        this.setResizable(false);     //不许修改登录界面的大小
        Container c = getContentPane();
        JPanel panel = new JPanel();
        //创建用户名标签与文本框
        JLabel labelName = new JLabel("用户名:");
        textName = new JTextField(15);
        textName.addActionListener(this);
        //为录入用户名的单行文本框注册监听器
        panel.add(labelName);
        panel.add(textName);
        //创建密码标签与文本框
        JLabel labelPassword = new JLabel("密  码:");
        textPassword = new JPasswordField(15);
        textPassword.addActionListener(this);
        //为录入密码的单行文本框注册监听器
        panel.add(labelPassword);
        panel.add(textPassword);
        ok = new JButton("确定");//创建"确定"按钮
        ok.addActionListener(this);          //为"确定"按钮注册监听器
        panel.add(ok);
```

```java
        reset=new JButton("重置");
        reset.addActionListener(this);          //为确定按钮注册监听器
        panel.add(reset);
        textCheck=new JTextField(20);//创建验证文本框
        textCheck.setEditable(false);           //设置验证文本框不可编辑
        panel.add(textCheck);
        c.add(panel);
    }
    public void actionPerformed(ActionEvent e){
        String n=textName.getText();
        char[] s=textPassword.getPassword();
        String p=new String(s);
        //在用户名文本框中按回车,显示提示信息,并且让密码框获得焦点
        if(e.getSource()==textName){
            textCheck.setText("用户名为"+textName.getText());
            textPassword.grabFocus();//密码框获得焦点
        }
        else{//在密码框中按回车与按"确定"按钮一样,判断用户名与密码是否正确
            if(n.equals(NAME)&&p.equals(PASSWORD)){
                textCheck.setText("登录成功!");
                ok.grabFocus();
            }
            else{
                textCheck.setText("用户名与密码不正确!");
                textName.setText("");//文本框清空
                textPassword.setText("");
                textName.grabFocus();
            }
        }
        if(e.getSource()==reset){
            textName.setText("");//文本框清空
            textPassword.setText("");
            textName.grabFocus();
        }
    }
    public static void main(String args[]){
        Login frame=new Login();
```

```
        frame.setDefaultCloseOperation(JFrame.EXIT_ON_CLOSE);
        frame.setSize(280,160);
        frame.setVisible(true);
    }
}
```

9.10 拓展知识

1. 问：Java 平台提供的布局管理器可以满足大多数情况下的需要，如果在特殊场合不想使用布局管理器，那么应该如何布局组件？

答：如果不想使用布局管理器，那么可以通过数值指定组件的位置和大小。这时首先需要调用容器的 setLayout(null) 方法将布局管理器设置为空，然后调用组件的 setBounds() 方法设置组件的位置和大小。setBounds() 方法的格式为：

```
setBounds(int x,int y,int width,int height)
```

其中，前两个 int 型参数设置组件的位置，后两个 int 型参数设置组件的宽度和高度。

2. 问：如何编写具有实际功能的图形用户界面（GUI）？

答：学完容器、组件、布局管理器等后，要记住其相应的构造方法与常用方法。在具体的程序开发时，首先要进行界面设计，考虑使用哪些组件、使用什么布局方式，接着考虑实现的事件监听，即用户进行某些操作时，调用相应的方法实现业务逻辑。

思考与练习

一、选择题

1. 在下列 Java 语言包中，提供图形界面构件的包是（　　）。
   A. java.io　　　　B. javax.swing　　　C. java.net　　　D. java.rmi
2. 下列不属于 Swing 构件的是（　　）。
   A. JMenu　　　　B. JApplet　　　　　C. JOpention　　 D. Panel
3. 下列适配器类中不属于事件适配器类的是（　　）。
   A. MousAdapter　　　　　　　　　　　B. KeyAdapter
   C. ComponentAdapter　　　　　　　　　D. FrameAdapter
4. 用于设置组件大小的方法是（　　）。
   A. paint()　　　　B. setSize()　　　　C. getSize()　　　D. repaint()
5. 单击窗口内的按钮时，产生的事件是（　　）。
   A. MouseEvent　　　　　　　　　　　　B. WindowEvent

C. ActionEvent   D. KeyEvent

二、编程题

1. 编写程序，完成一个如图 9 – 27 所示的综合界面布局。

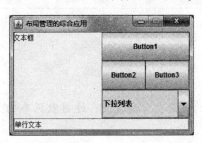

图 9 – 27　综合界面布局

2. 设计一个带有菜单的图形用户界面，使用级联菜单控制文字的字体和颜色。

第 10 章
数据库编程

【知识点】JDBC 的概念；掌握 JDBC 连接数据库的方法；掌握 JDBC 操作数据库的方法。

【能力点】熟练掌握使用 JDBC 编程完成对数据库数据的增、删、改、查功能。

【学习导航】

数据库编程是 Java 程序开发信息系统的一个重要环节。本章内容在 Java 程序开发能力进阶必备中的位置如图 10-0 所示。

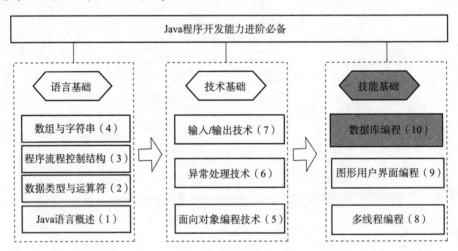

图 10-0　本章内容在 Java 程序开发能力进阶必备中的位置

许多应用中涉及数据库的操作，其中相当一部分是以数据库为核心来组织整个系统的，而 Java 程序对数据库的访问与操作在其中起到重要作用，本章将介绍这方面的内容。

10.1　JDBC 编程技术概述

JDBC（Java DataBase Connectivity）是 Java 语言定义的一个 SQL 调用级的数据库编程接口。通过 JDBC API，编程人员不用关心底层数据库的细节差别，就能以统一的应用程序接口访问数据库。

10.1.1 数据库基础知识

数据库技术是数据管理的专用技术，主要研究如何科学地组织和存储数据，以及如何高效地获取和处理数据。

数据库系统是计算机信息系统的基础和主要组成部分，所有的数据库系统都是基于某种数据模型的。所谓数据模型，简单地说，就是数据库的逻辑结构。在数据库系统中，关系数据库因为支持关系模型而得名。所谓关系模型，形象地说就是二维表结构，也称为关系表，主流的关系数据库有 ACCESS、SQL Server、Oracle、MySQL 等。

10.1.2 SQL 语言

SQL 语言是关系型数据库的标准操作语言。数据操作语言中定义了数据库的主要操作，包括数据的查询、插入、删除和修改，而数据库前端应用的主要任务就是用图形用户界面将这些操作包装起来，以提供多种方便使用的与数据库有关的功能。

（1）查询数据

在数据库中保存数据是为了供用户使用。用户要使用数据库中的数据，就必须把它们从数据库的表中提取出来，这个过程就称为"查询"，查询过程需要使用查询语句 SELECT。

（2）插入数据

一个表在刚建立时只有结构而没有数据，要向表中录入数据，则需要使用插入语句 INSERT，数据的插入是以记录为单位进行的。

（3）删除数据

当表中的数据有误或者失效时，可以用 DELETE 语句删除整条记录。

（4）修改数据

修改表中的数据之前，首先需要把修改的数据查询出来，然后用 UPDATE 语句完成必要的修改，最后把修改后的记录保存回原来的表中。

10.1.3 JDBC

JDBC 是 Sun 公司提供的 Java 数据库连接技术，是一种用 Java 语言实现的数据库接口技术，现已成为 Java 程序连接关系数据库的标准。目前，主流的关系数据库有 ACCESS、SQL Server、Oracle、MySQL 等，相关数据库厂商都为 Java 提供了专用的 JDBC 驱动程序。为方便与不同的关系型数据库建立连接，进行相关操作，而无须为不同的 DBMS 分别编写程序，JDBC 提供了统一的接口，程序员可通过接口连接数据库。JDBC 将数据库访问封装在类和接口中，程序员可以方便地对数据库进行增、删、改、查等操作。

Java 中专门设计了一个包 java.sql，这个包里定义了很多用来实现 SQL 功能的类，使用这些类编程人员就可以方便地开发出数据库前端应用。辅助 Java 程序实现数据库功能的配套技术通称为 JDBC。

用 JDBC 开发数据库应用的原理如图 10-1 所示，JDBC 主要实现三方面的功能：建立与数据库的连接、执行 SQL 声明以及处理 SQL 执行结果。

①使用 JDBC - ODBC 桥实现 JDBC 到 ODBC 的转化，转换后可以使用 ODBC 的数据库专用驱动程序与某特定的数据库相连。这种方式的优点是使用简单，但是由于引入了 C 程序，

从而失去了 Java 的跨平台性。

②使用 JDBC 与某数据库系统专用的驱动程序相连,从而直接联入远端的数据库。这种方式的优点是程序效率高,但是专用驱动程序限制了前端应用与其他数据库系统的配合使用。

③使用 JDBC 与一种通用的数据库协议驱动程序相连,然后利用中间件和协议解释器将这个协议驱动程序与某种具体数据库相连。这种方式的优点是不但可以跨平台,而且可以连接不同的数据库系统,有良好的通用性,不过运行这样的程序需要购买第三方厂商开发的中间件和协议解释器。

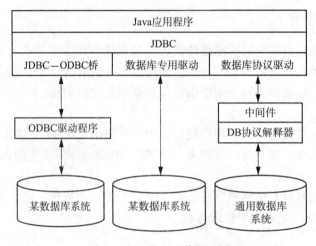

图 10-1　JDBC 工作原理图

提醒:JDK1.8 中取消了对 JDBC-ODBC 的支持,如果要用 JDBC-ODBC 的方式连接数据库,请装低版本的 JDK。

10.2　使用 JDBC 驱动程序编程

在 JDBC 工作中,供程序员编程调用的接口与类集成在 java.sql 和 javax.sql 包中,java.sql 包中常用的有 DriverManager 类、Connection 接口、Statement 接口和 ResultSet 接口。

①DriverManager 类根据数据库的不同,注册、载入相应的 JDBC 驱动程序,JDBC 驱动程序负责直接连接相应的数据库。

②Connection 接口负责连接数据库并完成传送数据的任务。

③Statement 接口由 Connection 接口产生,负责执行 SQL 语句,包括增、删、改、查等操作。

④ResultSet 接口负责保存 Statement 执行后返回的查询结果。

10.2.1 JDBC 程序模板

JDBC API 完成 3 件事，即通过 Connection 接口建立与数据库的连接、通过 Statement 接口执行 SQL 语句以及通过 ResultSet 接口处理返回结果。使用 JDBC API 编写 JDBC 程序的工作模板由 7 个部分组成。

（1）注册 JDBC 驱动

```
try{
    Class.forName("com.microsoft.sqlserver.jdbc.SQLServerDriver");
    //SQL Server 驱动程序
    //也可为其他 DBMS 的驱动程序
```

（2）处理异常

```
catch(ClassNotFoundException e){
    System.out.pintln("无法找到驱动类");
}
```

（3）用 JDBC URL 标识数据库，建立数据库连接

```
try{
    Connection con = DriverManager.getConnection(JDBC URL,数据库用户名,密码);
    //例如：
    Connection con = DriverManager.getConnection("jdbc:sqlserver://localhost:1433;
    DatabaseName = student","sa","123456");
    //SQL Server 数据库 student,用户名 sa,密码 123456
```

（4）发送 SQL 语句

```
Statement stmt = con.createStatement();
ResultSet rs = stmt.executeQuery(SQL 语句);
```

（5）处理结果

```
while(rs.next()){              //指向 rs 记录集第一行
    int x = rs.getInt(1);      //第 1 列的整型数据
    String s = rs.getString(2); //第 2 列的字符串
    float f = rs.getFloat(3);   //第 3 列的 float 型数据
}
```

（6）释放资源

· 271 ·

```
con.close();
```

(7) 处理异常

```
}
catch(SQLException e){
    e.printStackTrac();
}
```

10.2.2 使用专用 JDBC 驱动程序连接数据库

1. 下载并安装 Microsoft SQL Server 2008 JDBC Driver

从 Microsoft 公司网站下载 sqljdbc_2.0.1803.100_chs.exe，执行该文件进行解压即可得到 sqljdbc4.jar 文件，该文件包含了使用 JDBC 专用驱动程序连接数据库的相关类和接口。

下载网址：http://www.microsoft.com/zh-cn/download/details.aspx?id=2505。

2. 配置 SQL Server 2008 JDBC Driver

①设置 classpath。使用 Microsoft SQL Server 2008 JDBC Driver 驱动程序，将 sqljdbc4.jar 文件添加到 classpath，设置 classpath 的步骤参阅第 1 章。

②在 Eclipse 中选择菜单"Project"，选择属性"Properties"，如图 10-2 所示。在弹出的对话框中选择"Libraries"，然后单击右侧的按钮"Add External JARs"，找到 sqljdbc4.jar 所在目录后双击即可。

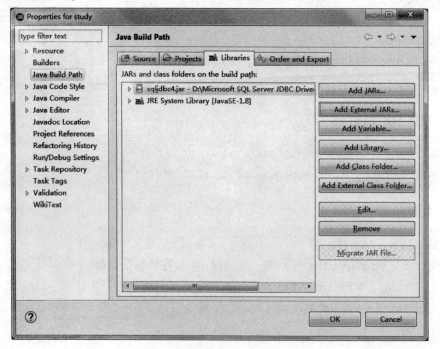

图 10-2 引入外部包界面

提醒：选中要连接的源文件，单击右键，选择"BuildPath"→"Configure Build Path"，也可弹出此对话框。

3. 配置 SQL Server 2008

为了使用 Microsoft SQL Server 2008 JDBC Driver 访问 SQL Server 2008 数据库，需要进行 TCP/IP 属性的设置。

①启用 TCP/IP 协议。单击"程序"→"Microsoft SQL Server 2008"→"配置工具"→"SQL 配置管理器"，打开"SQL Server Configuration Manmager"对话框，再选择左侧的"SQL Server 网络配置"→"MSSQLSERVER 的协议"，再双击右侧的"TCP/IP"，如图 10-3 所示。

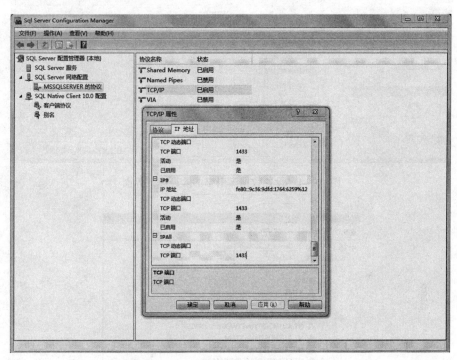

图 10-3 TCP/IP 设置界面

● 若"TCP/IP"没有启用，单击鼠标右键，选择"启动"选项。
● 双击"TCP/IP"，进行属性设置，在"IP 地址"选项卡中，可以配置"IPALL"中的"TCP"端口，端口号默认为 1433。（注意不同 DBMS 端口号不一样。）
● 重新启动 SQL Server 服务。

②设置数据库引擎的验证模式。如果要使用 SQL Server（sa 用户）登录，需要将数据库引擎的验证模式设置为"SQL Server 和 Windows 身份验证模式"，如图 10-4 所示。（打开 SQL Server 2008 的"Microsoft SQL Server Management Studio"窗口，右键单击服务器选择"属性"，在弹出的对话框中选择"安全性"页即可。）

在如图 10-5 所示的窗口双击 sa 进行密码的设置，如图 10-6 所示。

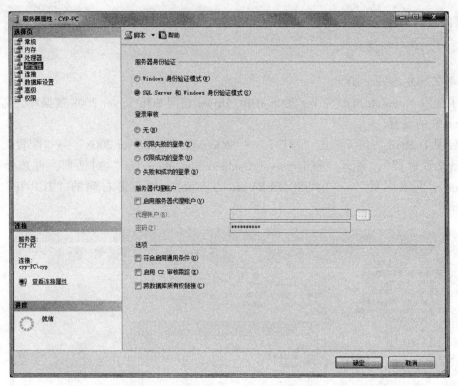

图 10-4 设置数据库引擎的验证模式界面

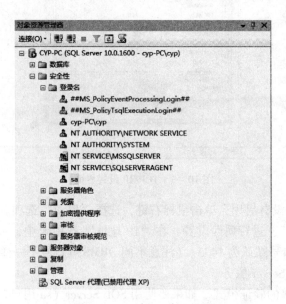

图 10-5 目标 sa 位置界面

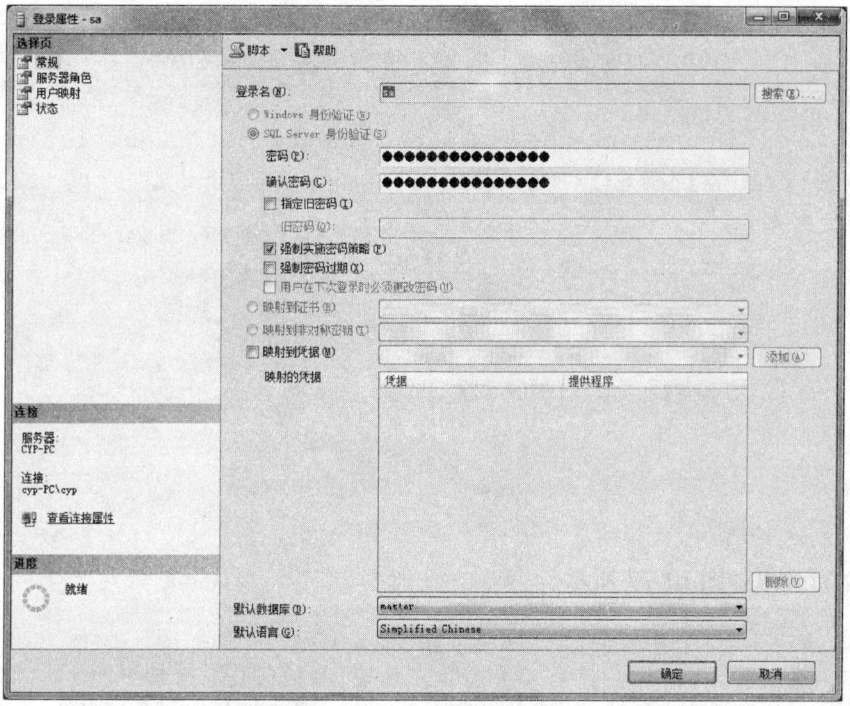

图 10-6　sa 密码设置界面

【例 10-1】使用 JDBC 专用驱动程序示例。

```
package chapter10;
import java.sql.*;
public class OnlyJdbc{
public static void main(String args[]){
    try{
    Class.forName("com.microsoft.sqlserver.jdbc.SQLServerDriver");
//加载驱动程序
        System.out.println("JDBC 驱动程序加载成功!");
    }
    catch(Exception e){
        System.out.println("无法载入 JDBC 驱动程序!");
    }
    try{
        //以下注释的四条语句等价于下面的一条数据库连接语句
        //String sConn = "jdbc:sqlserver://localhost:1433;DatabaseName = student";
        //连接数据库
        //String sUser = "sa";
```

```
            //String sPass = "123456";
            //Connection con = DriverManager.getConnection(sConn,sUser,sPass);
            Connection con = DriverManager.getConnection("jdbc:sqlserver://localhost:1433;DatabaseName = student","sa","123456");
            //连接数据库
            System.out.println("数据库连接成功!");
        }
        catch(SQLException e){
            System.out.println("SQL 异常");
        }
    }
}
```

程序运行效果如图 10 - 7 所示。

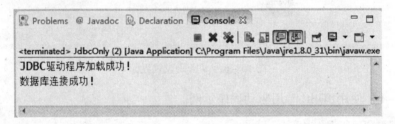

图 10 - 7　加载驱动程序与连接数据库运行效果图

10.2.3　执行 SQL 语句

1. Statement 接口

Statement 接口是 Java 执行数据库操作的一个重要方法，用于在已经建立数据库连接的基础上，向数据库发送要执行的 SQL 语句。Statement 接口有 3 种 Statement 对象，它们都作为在指定连接上执行 SQL 语句的容器。

其中，Statement 对象用于执行不带参数的简单 SQL 语句，它提供了执行语句和获取结果的基本方法。

PreparedStatement 对象是从 Statement 对象继承而来的，用于执行带或不带 IN 参数的预编译 SQL 语句。

CallableStatement 对象是从 PreparedStatement 对象继承而来的，用于执行对数据库的存储过程的调用，它添加了处理 OUT 参数的方法。

利用 Connection 的方法 createStatement 创建 Statement 对象的语句如下：

```
Connection con = DriverManager.getConnection(url,,"sa","");
//连接数据库
Statement stmt = con.createStatement();           //创建 stmt 对象
```

Statement 接口提供了三种执行 SQL 语句的方法：executeQuery、executeUpdate 和 execute。在实际应用中，使用哪一个方法由 SQL 语句所产生的内容决定。

执行语句的所有方法都会关闭所调用的 Statement 对象当前打开的结果集，这意味着在重新执行 Statement 对象之前，需要完成对当前 ResultSet 对象的处理。Statement 对象由 Java 垃圾收集程序自动关闭，程序员也应在不需要 Statemnet 对象时显式地关闭它们，从而释放 DBMS 资源。

2. ResultSet 接口

结果集（ResultSet）是数据库中查询结果返回的一种对象，可以说结果集是一个存储查询结果的对象，它不仅具有存储的功能，同时还具有操纵数据的功能。可以完成处理结果集的方法很多，我们在此介绍常用的方法。

next( )方法的功能是将指示器下移一行，使下一行变成当前行。在使用 ResultSet 对象前，必须调用 next( )方法一次，让它指向第一行。

getXXX( )方法指明要提取的列，有两种方式：

①从当前指定列中提取不同类型的数据。

```
rs.getInt("ID");//读取 ResultSet 对象 rs 当前行中列名为 ID 的整型值
rs.getString("Name");/*读取 ResultSet 对象 rs 当前行中列名为 Name 的字符串值*/
```

②给出列的索引（列序号），1 代表首列，2 代表第 2 列，依此类推。

```
String s = rs.getString(2);//提取当前行中的第 2 列数据
```

提醒：列序号指的是结果集中的列序号，而不是原表中的列序号。

10.3 数据库的基本操作

数据库的基本操作主要包括增加、删除、修改和查询等，操作对象主要包括数据库、表、记录、字段等。本章主要数据表内容的增、删、改、查的操作。

10.3.1 数据查询

数据查询主要是指在一定条件下对数据库表中的数据进行查询显示，查询过程中主要会用到 Statement 接口中的一些方法。

Statement 接口用于执行不带参数的简单 SQL 语句，而 ReparedStatment 接口和 Callablestament 接口都继承自 Statement 接口。

创建一个 Statemnet 接口的格式如下：

Java 语言程序设计实用教程（第 2 版）

```
Connection con = DriverManager.getConnection(URL,"user","password");
Statement sm = con.createStatement();
```

创建了 Statement 接口的实例后，可调用其中的方法执行 SQL 语句，JDBC 中提供了 3 种执行方法，具体见表 10-1。

表 10-1 3 种执行 SQL 语句的方法

序号	方法名称	语句功能	适用 SQL 语句
1	executeQuery	用于产生单个结果集，完成查询动作	SELECT
2	executeUpdate	用于执行数据更新（增、删、改）操作，返回值是一个整数，指示所受影响的行数（更新计数）。对于 CREATE TABLE 或 DROP TABLE 等不操作行的语句，返回值为零	INSERT、UPDATE、DELETE、CREATE TABLE 或 DROP TABLE
3	execute	用于执行任何 SQL 语句，当执行查询时，则方法返回 true；反之，方法返回 false	包含多个 ResultSet（结果集） 多条记录被影响 既包含结果集，也有记录被影响

【例 10-2】用 JDBC 实现查询用户信息。

提醒：运行本程序之前，需要在 SQL Server 2008 数据库中创建"student"数据库和"users"的数据表，其中表有两个字段 userid char（10）和 usepwd char（20），其值如图 10-8 所示。

userid	userpwd
admin	admin
cyp	123456
dm	654321

图 10-8 数据库表中数据

```
package chapter10;
import java.sql.*;
public class QueryStudent{
    public static void main(String args[]){
        try{
```

```java
            Class.forName("com.microsoft.sqlserver.jdbc.SQLServerDriver");
            //加载驱动程序
        }
        catch(Exception e){
            System.out.println("无法载入JDBC驱动程序");
        }
        try{
            Connection con = DriverManager.getConnection("jdbc:sqlserver://localhost:1433;DatabaseName=student","sa","123456");
            //连接数据库
            System.out.println("用户名    密码");
            Statement stmt = con.createStatement();    //创建stmt对象
            ResultSet rs = stmt.executeQuery("select* from users");
            //executeQuery()方法执行SQL语句
            while(rs.next()){
                System.out.println(rs.getString(1) + "    " + rs.getString(2));
            }
            rs.close();
            stmt.close();
        }
        catch(SQLException e){
            System.out.println("SQL异常");
        }
    }
}
```

程序运行效果如图10-9所示。

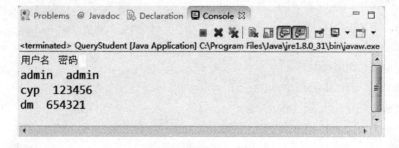

图10-9　数据查询运行结果

10.3.2 数据添加、修改和删除

数据的添加、修改和删除主要是对数据库中数据表的内容进行增、删、改,在这一过程中除了 Statemnet 接口外,还将用到 PreparedStatement 接口。

PreparedStatement 接口是 Statemnet 接口的子接口,它直接继承并重载了 Statemnet 接口的方法,并且有以下两大特点:

①PreparedStatement 实例包含已编译的 SQL 语句,当需要多次执行同一条 SQL 语句时,利用 PreparedStatement 传送 SQL 语句可以大大提高执行效率。

②PreparedStatement 对象中的 SQL 语句可具有一个或多个输入参数,输入参数的值在 SQL 语句创建时未被指定。该语句为每个 IN 参数保留一个问号("?")作为占位符,每个问号的值必须在该语句执行之前,通过适当的 setXXX 方法来提供。

1. 创建 PreparedStatement 对象

在建立连接后,调用 Connection 接口中的方法 prepareStatement() 即可创建一个 PreparedStatement 的对象,其中包含一条带参数的 SQL 语句,语法格式如下:

```
PreparedStatement psm = con.prepareStatement("Insert users (u_name,u_pass)values(?,?)");
```

2. 输入参数的赋值

PreparedStatement 中提供了大量的用于对输入参数进行赋值的 setXXX 方法,在实际应用中,应根据参数的 SQL 类型选用合适的方法。其中 setXXX 方法的第一个参数是要设置的参数的序号,第二个参数是设置给该参数的值,例如:

```
psm.setString(1,"test1");
psm.setString(2,"test2");
```

其他常见的方法还有 setInt、setLong、setBoolean、setShort 和 setByte 等。

【例 10-3】用 JDBC 实现信息的添加。

```
package chapter10;
import javax.swing.*;
import java.awt.event.*;
import java.sql.*;
public class InsertUser extends JFrame implements ActionListener{
    JPanel JpMain;
    JLabel lblName,lblPass;
    JTextField txtName,txtPass;
    JButton btnInsert,btnUpdate,btnDelete,btnNext;
    Connection con;
    ResultSet rs;
```

```java
//构造方法
    public InsertUser()  {
    super("用户数据的添加");
    JpMain = new JPanel();
    lblName = new JLabel("用户名:");
    lblPass = new JLabel("密  码:");
    txtName = new JTextField(16);
    txtPass = new JTextField(16);
    btnInsert = new JButton("插入");
    btnInsert.addActionListener(this);
    btnUpdate = new JButton("修改");
    btnUpdate.addActionListener(this);
    btnDelete = new JButton("删除");
    btnDelete.addActionListener(this);
    btnNext = new JButton(">>");
    btnNext.addActionListener(this);
    JpMain.add(lblName);
    JpMain.add(txtName);
    JpMain.add(lblPass);
    JpMain.add(txtPass);
    JpMain.add(btnInsert);
    JpMain.add(btnUpdate);
    JpMain.add(btnDelete);
    JpMain.add(btnNext);
    setContentPane(JpMain);
    setSize(280,150);
    setVisible(true);
    setResizable(false);
}
//按钮事件处理
public void actionPerformed(ActionEvent ae){
    if(ae.getSource() == btnInsert)
        insertUser();
        if(ae.getSource() == btnNext){
            try{
                rs.next();
                txtName.setText(rs.getString(1));
```

```java
                txtPass.setText(rs.getString(2));
            }catch(Exception e){
                JOptionPane.showMessageDialog(null,"数据获取错误");
            }
        }
    }
    public Connection openDB(){
        try {
            Class.forName("com.microsoft.sqlserver.jdbc.SQLServerDriver");
            //加载驱动程序
      con = DriverManager.getConnection("jdbc:sqlserver://localhost:1433;DatabaseName=student","sa","123456");
            return con;
        }
        catch(Exception e){
            JOptionPane.showMessageDialog(null,"连接数据库失败!");
            return null;
        }
    }
    public void getUser(){
        try{
            Statement stmt=openDB().createStatement();
            rs=stmt.executeQuery("select * from users");
        }catch(Exception e){
            JOptionPane.showMessageDialog(null,"用户信息获取失败!");
        }
    }
    public void insertUser(){
    //使用PreparedStatement插入记录
        try{
            PreparedStatement psm=openDB().prepareStatement("Insert users(userid,userpwd) values(?,?)");
            psm.setString(1,txtName.getText());
            psm.setString(2,txtPass.getText());
            psm.executeUpdate();
```

```
            JOptionPane.showMessageDialog(null,"用户添加成功!");
            psm.close();
        }
        catch(Exception e){
            JOptionPane.showMessageDialog(null,"用户添加失败!");
        }
    }
    public static void main(String args[]){
        InsertUser mu = new InsertUser();
        mu.getUser();
    }
}
```

程序运行效果如图 10-10 所示。

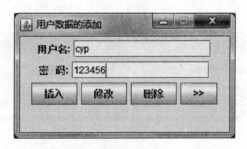

图 10-10　数据添加效果图

用户数据的修改和删除将在案例分析中进行介绍。

10.4　案例分析：用户信息管理

利用本章所学数据库的基本操作完成一个具有一定功能的综合实例。

10.4.1　案例情景——用户信息管理

编写一个简单的信息管理程序，实现用户信息的查询、添加、修改和删除功能。

10.4.2　运行结果

程序运行效果如图 10-11 所示。

10.4.3　实现方案

1. 案例分析

①定义用户信息管理的文本框及按钮；

②利用布局管理器完成界面的布局工作；
③利用事件处理完成程序的基本操作；
④利用JDBC完成对数据库的处理。

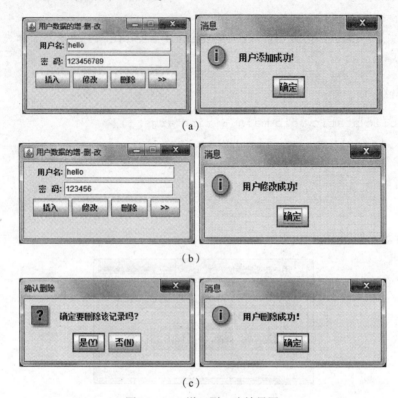

图10-11 增、删、改效果图
(a) 添加用户信息窗口；(b) 修改用户信息窗口；(c) 删除用户信息窗口

2. 参考程序代码

```
package chapter10;
import javax.swing.*;
import java.awt.event.*;
import java.sql.*;
public class UpdateUser extends JFrame implements ActionListener{
JPanel JpMain;
JLabel lblName,lblPass;
JTextField txtName,txtPass;
JButton btnInsert,btnUpdate,btnDelete,btnNext;
Connection con;
ResultSet rs;
//构造方法
public UpdateUser()   {
```

· 284 ·

```java
        super("用户数据的增-删-改");
        JpMain = new JPanel();
        lblName = new JLabel("用户名:");
        lblPass = new JLabel("密  码:");
        txtName = new JTextField(16);
        txtPass = new JTextField(16);
        btnInsert = new JButton("插入");
        btnInsert.addActionListener(this);
        btnUpdate = new JButton("修改");
        btnUpdate.addActionListener(this);
        btnDelete = new JButton("删除");
        btnDelete.addActionListener(this);
        btnNext = new JButton(">>");
        btnNext.addActionListener(this);
        JpMain.add(lblName);
        JpMain.add(txtName);
        JpMain.add(lblPass);
        JpMain.add(txtPass);
        JpMain.add(btnInsert);
        JpMain.add(btnUpdate);
        JpMain.add(btnDelete);
        JpMain.add(btnNext);
        setContentPane(JpMain);
        setSize(280,150);
        setVisible(true);
        setResizable(false);
    }
    //按钮事件处理
    public void actionPerformed(ActionEvent ae){
        if(ae.getSource()==btnInsert)
            insertUser();
        if(ae.getSource()==btnUpdate)
            updateUser();
        if(ae.getSource()==btnDelete){
            int intChoice = JOptionPane.showConfirmDialog(null,"确定要删除该记录吗?","确认删除",JOptionPane.YES_NO_OPTION);
            if(intChoice == JOptionPane.YES_OPTION)
                deleteUser();
```

```
            }
            if(ae.getSource()==btnNext){
                try{
                    rs.next();
                    txtName.setText(rs.getString(1));
                    txtPass.setText(rs.getString(2));
                }catch(Exception e){
                    JOptionPane.showMessageDialog(null,"数据获取错误");
                }
            }
        }
        public Connection openDB(){
            try {
                Class.forName("com.microsoft.sqlserver.jdbc.SQLServerDriver");//加载驱动程序
        con = DriverManager.getConnection("jdbc:sqlserver://localhost:1433;DatabaseName=student","sa","123456");
                return con;
            }
            catch(Exception e){
                JOptionPane.showMessageDialog(null,"连接数据库失败!");
                return null;
            }
        }
        public void getUser(){
            try{
                Statement stmt=openDB().createStatement();
                rs=stmt.executeQuery("select * from users");
            }catch(Exception e){
                JOptionPane.showMessageDialog(null,"用户信息获取失败!");
            }
        }
        public void insertUser(){           //使用 PreparedStatement 插入记录
            try{
                PreparedStatement psm=openDB().prepareStatement("Insert users(userid,userpwd) values(?,?)");
                psm.setString(1,txtName.getText());
                psm.setString(2,txtPass.getText());
```

```java
            psm.executeUpdate();
            JOptionPane.showMessageDialog(null,"用户添加成功!");
            psm.close();
        }
        catch(Exception e){
            JOptionPane.showMessageDialog(null,"用户添加失败!");
        }
    }
    public void updateUser(){              //使用 Statement 修改记录
        try{
            Statement sm=openDB().createStatement();
            String strUpdate="update users set userpwd='"+txt-
Pass.getText()+"'where userid='"+txtName.getText()+"'";
            sm.executeUpdate(strUpdate);
            JOptionPane.showMessageDialog(null,"用户修改成功!");
            sm.close();
        }
        catch(Exception e){
            JOptionPane.showMessageDialog(null,"用户修改失败!");
        }
    }
    public void deleteUser(){              //删除记录
        try{
            Statement sm=openDB().createStatement();
            sm.executeUpdate("delete from users where userid='"+txt-
Name.getText()+"'");
            JOptionPane.showMessageDialog(null,"用户删除成功!");
            sm.close();
        }
        catch(Exception e){
            JOptionPane.showMessageDialog(null,"用户删除失败!");
        }
    }
    public static void main(String args[]){
        UpdateUser us=new UpdateUser();
        us.getUser();
    }
}
```

10.5 任务训练

10.5.1 训练目的

(1) 掌握 JDBC 连接数据库的方法；
(2) 掌握数据库的基本操作；
(3) 掌握结合 Swing 完成具有一定功能的程序。

10.5.2 训练内容

1. 完成对正文中各段代码程序效果的演示。
2. 完成具有不同功能需求的程序的编写与调试。
3. 编写一个用户信息查询程序，在本章案例的基础上增加输入用户名进行查询的功能，同时完善部分程序。

【程序效果】

运行效果如图 10 – 12 所示。

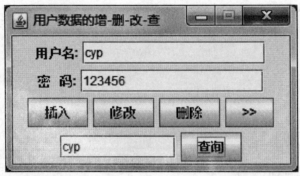

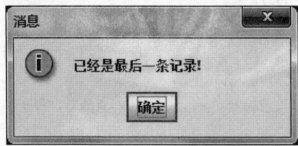

图 10 – 12　程序运行效果图

【解题思路】

(1) 新增文本框与按钮，完成界面布局；
(2) 定义一个 searchUser( ) 方法，完成对数据的检索。
(3) 按钮 " > >" 执行最后一条记录的处理方式。

【参考程序】
参考程序中省略号部分与本章案例分析代码相同，请参照查看。

```java
package chapter10;
import javax.swing.*;
import java.awt.event.*;
import java.sql.*;
public class SearchUser extends JFrame implements ActionListener{
JPanel JpMain;
JLabel lblName,lblPass;
JTextField txtName,txtPass,inputName;   //新增输入文本框inputName
JButton btnInsert,btnUpdate,btnDelete,btnNext,btnSearch;
//新增查询按钮btnSearch
Connection con;
ResultSet rs;
SearchUser us;
//构造方法
public SearchUser()  {
    ...
    inputName=new JTextField(10);
    inputName.addActionListener(this);
    btnSearch=new JButton("查询");
    btnSearch.addActionListener(this);
    ...
    JpMain.add(inputName);     //添加文本框组件
    JpMain.add(btnSearch);     //添加按钮组件
}
//按钮事件处理
public void actionPerformed(ActionEvent ae){
    ...
    if(ae.getSource()==btnSearch || ae.getSource()==inputName)
    //单击"查询"按钮或在文本框里面按回车键
        searchUser();
    if(ae.getSource()==btnNext){
        try{
            rs.next();
            if(rs.isAfterLast())     //处理最后一条记录
```

```
                    JOptionPane.showMessageDialog(null,"已经是最后一条
记录!");
                else{
                    txtName.setText(rs.getString(1));
                    txtPass.setText(rs.getString(2));
                }
            }catch(Exception e){
                JOptionPane.showMessageDialog(null,"数据获取错误");
            }
        }
    }
    ...
    public void searchUser(){
        try{
            Statement sm=openDB().createStatement();
            String strSearch="select * from users where userid='"+inputName.getText()+"'";
            sm.executeQuery(strSearch);
            rs=sm.executeQuery(strSearch);
            rs.next();
            txtName.setText(rs.getString(1));
            txtPass.setText(rs.getString(2));
            rs.close();
            sm.close();
        }
        catch(Exception e){
            JOptionPane.showMessageDialog(null,"系统无此用户,查询失败!");
        }
    }
    public static void main(String args[]){
        SearchUser us=new SearchUser();
        us.getUser();
    }
```

提醒：本例中并未对添加、修改和删除按钮中的数据有效性进行处理，请读者自行补充完整。

10.6 拓展知识

1. 问：如何使用 JDBC 直接驱动连接数据库？

答：为了在不同平台下能顺利连接数据库，可以使用 JDBC 直接驱动。但是对于不同的 DBMS，需要下载相应的驱动程序，比如访问 SQL Server 2008 需要下载 sqljdbc_2.0.1803.100_chs.exe 才可。

2. 问：如何理解 ResultSet？

答：ResultSet 对象中存放了查询所返回的数据。数据在 Resultset 内部是一个二维的表格，每一行称为记录，每一列称为字段。当要定位到表格的某个单元格时，需要将数据库记录指针移到对应行，然后指定对应的列，如：

```
rs.next();   //指向当前行
System.out.println(rs.getString(1));//某行第一列的值,即某单元格的值
```

思考与练习

一、选择题

1. SQL 编程中要捕获的异常是（   ）。
   A. ArrayIndexOutOfBounds   B. NullPointerException
   C. ArithmeticException   D. ClassNotFoundException
2. 下列不是 JDBC API 的类及接口的是（   ）。
   A. DriverManager 类   B. SQL 接口
   C. PreparedStatement   D. Connection 接口
3. 数据增、删、改、查等操作使用的方法是（   ）。
   A. operateSQL( )   B. executeUpdate( )
   C. executeQuery( )   D. execute( )
4. 查询结果集的接口是（   ）。
   A. ResultSet   B. List
   C. Collection   D. Set
5. 用来向 DBMS 发送 SQL 的 JDBC 对象是（   ）。
   A. Statement   B. Connection
   C. DriverManager   D. ResultSet

二、简答题

1. 说明 JDBC 编程的基本步骤。
2. 说明 execute( )、executeUpdate( ) 和 executeQuery( ) 的用法区别。

思考与练习参考答案

第1章 Java语言概述

一、选择题

1. D 2. C 3. A 4. D 5. A

二、编程题

1. 编写一个Java Application程序，输出自己的学号与名字。

```java
package chapter01;
public class ShowName {
    public static void main(String[]args){
        System.out.println("学号:20140001,姓名:张三");
    }
}
```

2. 编写Java Application程序，输出一个由6行"*"组成的直角三角形。

```java
package chapter01;
public class RightTriangle{
    public static void main(String[]args){
    //方法1:直接利用println()方法换行输出
    /*
    System.out.println("*");
    System.out.println("* *");
    System.out.println("* * *");
    System.out.println("* * * *");
    System.out.println("* * * * *");
    */
    //方法2:利用循环结构与print()与println()方法完成输出
    for(int i=1;i<=5;i++){
```

```
            for(int j=1;j<=i;j++)
                System.out.print("*");
            System.out.println("");
        }
    }
}
```

第 2 章 数据类型与运算符

一、选择题

1. B 2. A 3. B 4. C 5. C 6. D 7. B 8. D

二、计算题

1. 已知 int i=6, j=8;, 分别对下面表达式进行计算后求 i 和 j 的值。
   (1) j+=++i;
   结果为: 15 i=7, j=15
   (2) j-=5+i++;
   结果为: -3 i=7, j=-3
   (3) j+=j-=j*=j;
   结果为: -48 i=6, j=-48

2. 已知 int i=10, j=20, k=30;, 计算下面表达式的值。
   (1) i<10&&j>10&&k!=10   假（F）
   (2) i<10||j>10||k!=10   真（T）
   (3) !(i+j>k)&&!(k-j>i)   真（T）

三、编程题

1. 编写一个程序，给出汉字'你'、'我'、'他'在 unicode 表中的位置。

```
package chapter02;
public class Place{
    public static void main(String[]args)
    {   char char1='我';
        int i=char1;
        System.out.println(String.valueOf(i));
        
    }
}
```

2. 编写一个程序,从键盘输入2个数,求这两个数的和、差、积与商。

```java
package chapter02;
import java.util.Scanner;
public class Compute{
    public static void main(String[]args){
        Scanner input = new Scanner(System.in);
        System.out.println("请输入第1个数:");
        double x = input.nextDouble();
        //输入Double类型的方法nextDouble()
        System.out.println("请输入第2个数:");
        double y = input.nextDouble();
        System.out.println("两个数之和 = " + (x + y));
        System.out.println("两个数之差 = " + (x - y));
        System.out.println("两个数之积 = " + (x * y));
        System.out.println("两个数之商 = " + (x/y));
    }
}
```

第3章 流程控制结构

一、选择题

1. C 2. A 3. C 4. B 5. D

二、编程题

1. 编写程序,实现n!(阶乘)之和(n=5)。

```java
package chapter03.exercise;
public class Factor{
    public static void main(String args[]){
        long f,result = 0;
        int i,j;
        for(i = 1;i < = 5;i + +)
        {
            for(f = 1,j = 1;j < = i;j + +)
            {   f * = j;
            }
```

```
            result + = f;
        }
        System.out.println("最后结果为:" + result);
    }
}
```

2. 编写程序，实现对输入的任一整数按相反顺序输出该数。例如输入 1314，输出 4131。

```
package chapter03;
public class BtoF{
    public static void main(String[]args){
        //编写一程序,实现对输入的一个整数,按相反顺序输出该数。例如输入1314 输出4131
        int x = 1314;
        int r;
        System.out.print("输出结果为:");
        while(x! = 0)
        {r = x% 10;
        System.out.print(r);
        x = x/10;

        }
    }
}
```

3. 编写程序，实现输出 100~999 之间的水仙花数的功能。提示：水仙花数是指一个三位数，其各位数字的立方和等于该数本身，即 $d_1 d_2 d_3 = d_1 * d_1 * d_1 + d_2 * d_2 * d_2 + d_3 * d_3 * d_3$。

```
package chapter03;
public class Narcissus{
    public static void main(String args[]){
        //水仙花数
        int d1,d2,d3,i,j;
        for(i = 100;i < = 999;i + +){
            d3 = i% 10;
            j = i/10;
            d2 = j% 10;
```

```
            d1 = j/10;
        if(i = = d1*d1*d1 + d2*d2*d2 + d3*d3*d3)
            System.out.println(i);
        }
      }
}
```

4. 猴子吃桃子问题：猴子第一天摘下若干个桃子，当即吃了一半，还不过瘾，又多吃了一个，第二天早上将剩下的桃子吃掉一半，又多吃了一个。以后每天早上都吃了前一天剩下的一半零一个。到第 10 天早上想再吃时，只剩下一个桃子了，求第一天共摘了多少桃子。

```
package chapter03;
public class Peach{
  public static void main(String[]args){
      int x = 1;
      for(int i =10;i >1;i - -)
      {
          x = 2*(x+1);
      }
      System.out.println("猴子第1天摘了:"+x+"个桃子");
  }
}
```

第 4 章　数组与字符串

一、选择题

1. A　2. A　3. D　4. D　5. B

二、编程题

1. 编写一个 Java Application 程序，把 100 以内的所有偶数依次赋给数组中的元素，并向控制台输出各元素。

```
package chapter04;
public class Even{
  public static void main(String[]args){
```

```
        int arrayeven[] = new int[51];
        for(int i = 0; i < arrayeven.length; i++){
            arrayeven[i] = 2 * i;
        }
        for(int i = 0; i < arrayeven.length; i++){
            System.out.print(arrayeven[i] + "");
        }
    }
}
```

2. 小明要去买一部手机,他询问了4家店的价格,分别是2 800、2 900、2 750 和3 100 元,编写程序输出最低价。

```
package chapter04;
import java.util.*;
public class LowerPrice{
  public static void main(String[]args){
        Scanner input = new Scanner(System.in);
        int price[] = new int[4];
        for(int i = 0; i < price.length; i++){
            System.out.println("请输入第" + (i+1) + "个价格:");
            price[i] = input.nextInt();
        }
        int x = price[0];
        for(int i = 1; i < price.length; i++){
            if(x > price[i])
                x = price[i];
        }
        System.out.println("最低价格为:" + x);
    }
}
```

3. 现有一按照由大到小排列的数组{85,63,49,22,10},请将80(数据从控制台完成输入)插入其中,使它们仍然按照由大到小的顺序排列。

```
package chapter04;
import java.util.Scanner;
public class BigToSmall{
        public static void main(String[]args){
```

```
            int arrayBtoS = new int[6];
            arrayBtoS[0] = 85;
            arrayBtoS[1] = 63;
            arrayBtoS[2] = 49;
            arrayBtoS[3] = 22;
            arrayBtoS[4] = 10;
            System.out.print("原数组:");
            for(int i = 0; i < arrayBtoS.length; i++){
                System.out.print(arrayBtoS[i] + "");
            }
            System.out.println();
            System.out.print("请输入要插入的数:");
            Scanner input = new Scanner(System.in);
            int x = input.nextInt();
            int i;
            for(i = 0; i < arrayBtoS.length; i++){
            //查找插入数的所在位置号
                if(arrayBtoS[i] <= x)
                    break;
                else
                    arrayBtoS[arrayBtoS.length - 1] = x;
            }
          for(int j = arrayBtoS.length - 1; j > i; j--)//数据往后移
                arrayBtoS[j] = arrayBtoS[j-1];
            arrayBtoS[i] = x;
            System.out.print("插入" + "x" + "后的数组:");
            for(i = 0; i < arrayBtoS.length; i++){
                System.out.print(arrayBtoS[i] + "");
            }
        }
    }
```

4. 随机输入一个姓名，然后分别输出姓和名。

```
package chapter04;
import java.util.Scanner;
public class GetName{
```

```java
    public static void main(String[] args){
        Scanner input = new Scanner(System.in);
        System.out.print("输入任意一个姓名:");
        String name = input.next();
        int length = name.length();
        if(length<=3){          //姓名为2-3个字的
            System.out.println("\n姓氏:  "+name.charAt(0));
            //获得姓
            System.out.println("名字:  "+name.substring(1,length));
//获得名
        }
        else            //姓名为复姓的
        {
            System.out.println("\n姓氏:  "+name.substring(0,2));
//获得姓
            System.out.println("名字:  "+name.substring(2));
            //获得名
        }
    }
}
```

5. 编写一程序，输入5种水果的英文名称（葡萄 grape、橘子 orange、香蕉 banana、苹果 apple、桃 peach），并按字典里出现的先后顺序将其输出。

```java
package chapter04;
import java.util.*;
public class SortFruit{
    public static void main(String[]args){
        String fruit[]=new String[5];
        Scanner input=new Scanner(System.in);
        for(int i=0;i<fruit.length;i++){
            System.out.print("请输入第"+(i+1)+"种水果:");
            fruit[i]=input.next();
        }
        Arrays.sort(fruit);
        System.out.println("\n这些水果在字典中出现的顺序是:");
        for(int i=0;i<fruit.length;i++){
            System.out.println(fruit[i]);
```

```
        }
    }
}
```

6. 某公司对固定资产进行编号：购买年份（如2010年3月购买，则购买年份的编号为201003）+产品类型（设1为台式机、2为笔记本、3为其他，统一采用两位数字表示，数字前面加0）+3位随机数。请编程自动生成公司固定资产产品编号。

```
package chapter04;
import java.util.Scanner;
public class GetProNo{
    public static void main(String[] args){
        Scanner input=new Scanner(System.in);
        System.out.print("请输入年份： ");
        String year=input.next();
        System.out.print("请输入月份： ");
        String month=input.next();
        System.out.print("请选择产品类型(1.台式机  2.笔记本  3.其他)");
        int type=input.nextInt();
        int random=(int)(Math.random()*1000);   //产生3位随机数
        String productNo=year+month+"0"+type+random;
        //产生产品编号
        System.out.println("该固定资产编号是:"+productNo);
    }
}
```

第5章 面向对象程序设计

一、选择题

1. A 2. B 3. B 4. D 5. C

二、编程题

1. 编写Book类，要求类具有书名、书号、主编、出版社、出版时间、页码、价格，其中页数不能少于250页，否则输出错误信息；具有detail方法，用来在控制台输出每本书的信息。

```java
package chapter05;
import java.util.*;
public class BookTest{
   public static void main(String[]args){
       /*无参构造方法*/
      // Book book=new Book();
       /*带参构造方法*/
       Book book=new Book("Java程序设计实例教程","9787115226075",
"刘志成","人民邮电大学出版社",new Date(2010,8,1),275,32);
       book.detail();
    }
}
```

以下定义的为 Book 类：

```java
package chapter05;
import java.util.*;
/**
 *Book.java
 *用封装编写的书类
 */
public class Book{
    private String bookName;
    private String ISBN;
    private String author;
    private String press;
    private Date publishedDate;
    private int pageNum;
    private double price;
//DateFormat dateFormat=new SimpleDateFormat("yyyy-MM-dd");
  //Calendar c=Calendar.getInstance();
   public Book(){
      this.bookName="Java程序设计实例教程";
      ISBN="9787115226075";
      this.author="刘志成";
      this.press="人民邮电大学出版社";
      /*try{
      this.publishedDate=dateFormat.parse("2008-09-01");
```

```java
        }catch(ParseException e){
            e.printStackTrace();
        }*/
        this.publishedDate=new Date(2010,8,1);
        this.pageNum=275;
        this.price=32;
    }
    public Book(String bookName, String isbn, String author, String press,
            Date publishedDate, int pageNum, double price){
        this.bookName=bookName;
        ISBN=isbn;
        this.author=author;
        this.press=press;
    /*  try{
            this.publishedDate=dateFormat.parse("publishedDate");
            }catch(ParseException e){
                e.printStackTrace();
            }
        */
        this.publishedDate=publishedDate;
        this.pageNum=pageNum;
        this.price=price;
    }
    public String getBookName(){
        return bookName;
    }
    public void setBookName(String bookName){
        this.bookName=bookName;
    }
    public String getISBN(){
        return ISBN;
    }
    public void setISBN(String isbn){
        ISBN=isbn;
    }
```

```java
    public String getAuthor(){
        return author;
    }
    public void setAuthor(String author){
        this.author=author;
    }
    public String getPress(){
        return press;
    }
    public void setPress(String press){
        this.press=press;
    }
    public Date getPublishedDate(){
        return publishedDate;
    }
    public void setPublishedDate(Date publishedDate){
        this.publishedDate=publishedDate;
    }
    public int getPageNum(){
        return pageNum;
    }
    public void setPageNum(int pageNum){
        if  (pageNum<250){
            System.out.println("页数不能少于250页!");
            this.pageNum=250;
        }else{
            this.pageNum=pageNum;
        }
    }
    public double getPrice(){
        return price;
    }
    public void setPrice(double price){
        this.price=price;
    }
    public void detail(){
        System.out.println("书名:"+bookName);
```

```java
        System.out.println("书号:"+ISBN);
        System.out.println("主编:"+author);
        System.out.println("出版社:"+press);
        System.out.println("出版时间:"+publishedDate.getYear()+"年"+
publishedDate.getMonth()+"月"+publishedDate.getDate()+"日");
        System.out.println("页数:"+pageNum);
        System.out.println("价格:"+price+"元");
    }
}
```

2. 编写接口和实现类：动物（Animal）会动，老虎（Tigger）会跑，鸟（Bird）会飞，鱼（Fish）会游。测试运行结果。

```java
package chapter05;
/**
 *AnimalTest.java
 *测试类,利用接口和多态性。
 */
public class AnimalTest {                    //主类
    /**
     *@param args
     */
    public static void main(String[]args){
        new Tiger().move();
        new Bird().move();
        new Fish().move();
    }
}
```

以下定义的为其他各动物类：

```java
package chapter05;
/**
 *Animal.java
 *接口
 */
public interface Animal {
    void move();   //能够动
}
```

```java
/**
 *Tiger.java
 *实现类
 */
class Tiger implements Animal{
    @Override
    public void move(){
        System.out.println("老虎(Tiger)会跑");
    }
}
/**
 *Bird.java
 *实现类
 */
class Bird implements Animal{
    @Override
    public void move(){
        System.out.println("鸟(Bird)会飞");
    }
}
/**
 *Fish.java
 *实现类
 */
class Fish implements Animal{
    @Override
    public void move(){
        System.out.println("鱼(Fish)会游");
    }
}
```

第6章 异常处理

一、选择题

1. B 2. A 3. C 4. C 5. C

二、编程题

1. 用 try/catch/finally 结构编写程序，依次显示 ArithmeticException 异常、ArrayIndexOutOfBoundsException 异常和 Exception 异常的信息。

```java
package chapter06;
/**
 * MoreException.java
 * 依次显示 ArithmeticException 异常、ArrayIndexOutOfBoundsException 异常和 Exception 异常的信息
 */
public class MoreException{
    static void exception(int i){
        try{
            if(i==0){
                System.out.println("正常");
                return;
            }else if(i==1){
                int a=0;
                int b=100/a;
            }else if(i==2){
                int dog[]=new int[3];
                dog[3]=4;
            }
        }catch(ArithmeticException ae){
            System.out.println("算术异常:"+ae);
        }catch(ArrayIndexOutOfBoundsException aie){
            System.out.println("数组下标越界异常:"+aie);
        }catch(Exception e){
            System.out.println("捕获异常:"+e);
        }finally{
            System.out.println("必须执行的 finally.");
        }
    }
    public static void main(String[]args){
        exception(0);
        exception(1);
        exception(2);
```

```
        exception(3);
    }
}
```

2. 解释用户自定义异常及应用。

```
package chapter06;
class MyException extends Exception{
    private String str;
    MyException(String s){
    str=s;
    }
    String getstr(){
    return str;
    }
    void setstr(String s){
        str=s;
    }
}
public class MyExceptionDemo{
    public static void main(String []args){
        try{
            throw new MyException("MyException occur!");
        }catch(MyException e){
            String ss=e.getstr();
            System.out.println("My exception message :"+ss);
        }
    }
}
```

第 7 章　输入/输出及文件处理

一、选择题

1. D　2. B　3. D

二、读程序题

1. 运行下面的程序，若从键盘上输入 12345 后回车，程序输出的是什么？

```java
package chapter07;
import java.io.*;
public class Class1{
public static void main(String args[]){
byte buffer[] = new byte[128];
    int n;
    try{
    n = System.in.read(buffer);
    for(int i = 0;i < n;i + +)
    System.out.print((char)buffer[n - i - 1]);
    }catch(IOException e){
System.out.print(e);
    }
    }
}
```

程序输出的是：

12345
54321

2. 下面的程序编译运行后的输出结果是什么？（注意运行时文件要在工程项目的目录下）

```java
import java.io.*;
public class Class2{
    public static void main(String args[]){
    byte buf[] = new byte[2500];
    int b;
    try{
      FileInputStream fis = new FileInputStream("Class2.java");
      b = fis.read(buf,0,15);
      String str = new String(buf,0,b);
      System.out.print(str);
    }catch(IOException e){
      }
    }
}
```

程序运行效果为：

package chapter;

第8章 多线程

一、选择题
1. B 2. D 3. C

二、读程序题
下面程序的输出结果是什么？

```java
package chapter08;
public class MyThread extends Thread{
    int count=1,number;
    public MyThread(int num){
        number=num;
        System.out.println("创建线程"+number);}
    public void run(){
        while(true){
            System.out.println("线程"+number+":计数"+count);
            if(++count==6)  return;
        }
    }
    public static void main(String args[]){
        for(int i=0;i<5;i++)
            new MyThread(i+1).start();
    }
}
```

程序运行结果是：

创建线程1
创建线程2
线程1:计数1
线程1:计数2
线程1:计数3
线程1:计数4
线程1:计数5
创建线程3
线程2:计数1

线程2:计数2
线程2:计数3
线程2:计数4
创建线程4
线程3:计数1
线程3:计数2
线程3:计数3
线程3:计数4
线程2:计数5
线程3:计数5
创建线程5
线程4:计数1
线程4:计数2
线程4:计数3
线程4:计数4
线程4:计数5
线程5:计数1
线程5:计数2
线程5:计数3
线程5:计数4
线程5:计数5

第9章 图形用户界面

一、选择题

1. B　2. D　3. D　4. B　5. C

二、编程题

1. 编写程序，完成一个如图所示的界面布局。

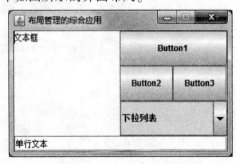

参考代码如下:

```java
package chapter09;
import java.awt.*;
import javax.swing.*;
public class LayoutExer1 extends JFrame{
    JPanel contentPane, top,bottom,topLeft,topRight,p3;
    GridLayout grid;
    public LayoutExer1(){
        super("布局管理的综合应用");
        this.setLocation(500,300);
        //在屏幕(500,300)坐标处显示计算器
        this.setResizable(false);
        Container c = getContentPane();
        c.setLayout(new BorderLayout());//将con设置为边界布局
        top = new JPanel();
        bottom = new JPanel();
        topLeft = new JPanel();
        topRight = new JPanel();
        p3 = new JPanel();
        JComboBox JC = new JComboBox();//创建组合框JC
        JC.addItem("下拉列表");
        grid = new GridLayout(2,1);
        c.add(top,"Center");
        c.add(bottom,"South");
        bottom.setLayout(new GridLayout(1,1));
        bottom.add(new JTextField("单行文本",26));
        top.setLayout(new GridLayout(1,2));
        top.add(topLeft);
        top.add(topRight);
        topLeft.setLayout(new GridLayout(1,1));
        topLeft.add(new JTextArea("文本框"));
        //在topLetf上添加一个文本区
        topRight.setLayout(new GridLayout(3,1));
        //将topRight设置为三行一列的网格布局
        topRight.add(new JButton("Button1"));
        topRight.add(p3);
        topRight.add(JC);
```

```java
        p3.setLayout(new GridLayout(1,2));
        p3.add(new JButton("Button2"));
        p3.add(new JButton("Button3"));
    }
    public static void main(String args[]){
        LayoutExer1 frame=new LayoutExer1();
        frame.setDefaultCloseOperation(EXIT_ON_CLOSE);
        frame.setSize(320,200);
        frame.setVisible(true);
    }
}
```

2. 设计一个带有菜单的图形用户界面，使用级联菜单控制文字的字体和颜色。

```java
package chapter09;
import javax.swing.*;
import java.awt.*;
import java.awt.event.*;
public class MenuExer2 extends JFrame implements ActionListener{
    JMenuBar jmb=new JMenuBar();//创建菜单栏
    JMenu fontmenu=new JMenu("字体");//创建菜单
    JMenu helpmenu=new JMenu("帮助");
    JMenu stylemenu = new JMenu("样式");
    JMenu colormenu=new JMenu("颜色");
    JMenuItem exitmenu=new JMenuItem("退出");//创建菜单项
    JMenuItem aboutmenu=new JMenuItem("关于");
    JCheckBoxMenuItem boldMenuItem = new JCheckBoxMenuItem ("粗体");
    //创建复选菜单项
    JCheckBoxMenuItem italicMenuItem = new JCheckBoxMenuItem ("斜体");
    JMenuItem redmenu=new JMenuItem("红色");
    JMenuItem bluemenu=new JMenuItem("蓝色");
    JMenuItem greenmenu=new JMenuItem("绿色");
    JTextArea textDemo=new JTextArea("此乃示例文字!");
    int bold,italic;
    public MenuExer2(){           //构造方法
        this.setJMenuBar(jmb);    //将菜单栏设置为窗口的主菜单
```

```java
        jmb.add(fontmenu);        //将菜单项加入菜单
        jmb.add(helpmenu);
        fontmenu.add(stylemenu);
        fontmenu.add(colormenu);
        fontmenu.addSeparator();    //添加分隔线
        fontmenu.add(exitmenu);
        helpmenu.add(aboutmenu);
        stylemenu.add(boldMenuItem);//将复选菜单项加入"样式"菜单
        stylemenu.add(italicMenuItem);
        colormenu.add(redmenu);//将菜单项加入"颜色"菜单
        colormenu.add(bluemenu);
        colormenu.add(greenmenu);
        italicMenuItem.addActionListener(this);//为菜单注册监听器
        boldMenuItem.addActionListener(this);
        redmenu.addActionListener(this);
        bluemenu.addActionListener(this);
        greenmenu.addActionListener(this);
        exitmenu.addActionListener(this);
        this.getContentPane().add(textDemo);
        this.setTitle("菜单控制字体和颜色");
        this.setSize(350,250);
        this.setVisible(true);
        this.setDefaultCloseOperation(JFrame.EXIT_ON_CLOSE);
    }
    public void actionPerformed(ActionEvent e){//菜单事件处理方法
        if(e.getActionCommand().equals("红色"))
            textDemo.setForeground(Color.red);
        else if(e.getActionCommand().equals("蓝色"))
            textDemo.setForeground(Color.blue);
        else if(e.getActionCommand().equals("绿色"))
            textDemo.setForeground(Color.green);
        if(e.getActionCommand().equals("粗体"))
            bold = (boldMenuItem.isSelected()? Font.BOLD:Font.PLAIN);
        if(e.getActionCommand().equals("斜体"))
            italic = (italicMenuItem.isSelected()? Font.ITALIC:Font.PLAIN);
        textDemo.setFont(new Font("Serif",bold+italic,14));
```

```
        if(e.getActionCommand().equals("退出"))
            System.exit(0);
    }
    public static void main(String[]args){
        MenuExer2  tm = new MenuExer2();
    }
}
```

第10章 数据库编程

一、选择题

1. D 2. B 3. D 4. A 5. A

二、简答题

1. 说明 JDBC 编程的基本步骤。

与数据库相关的系统开发必须先建立数据库和表,然后在 Eclipse 中建立项目,引入驱动程序包,准备工作完成后,进入 JDBC 编程。JDBC 编程的基本步骤有5个:加载、注册驱动程序;建立数据库连接;执行 SQL 语句;处理结束;释放资源。

2. 说明 execute( )、executeUpdate( ) 和 executeQuery( ) 的用法区别。

● Boolean execute(String sql) 允许执行查询语句、更新语句、DDL 语句。语句的返回值为 true 时,表示执行的是查询语句,可以通过 getResultSet 方法获取结果;返回值为 false 时,表示执行的是更新语句或 DDL 语句,可以通过 getUpdateCount 方法获取更新的记录数量。

● int executeUpdate(String sql) 执行给定 SQL 语句,该语句可能为 INSERT、UPDATE 或 DELETE 语句,或者不返回任何内容的 SQL 语句(如 SQL DDL 语句),语句的返回值是更新的记录数量。

● ResultSet executeQuery(String sql) 执行给定的 SQL 语句,该语句返回单个 ResultSet 对象。

参考文献

[1] 孙修东,等.Java程序设计任务驱动式教程（第2版）[M].北京：北京航空航天大学,2013.

[2] 刘志成.Java程序设计实例教程[M].北京：人民邮电出版社,2010.

[3] 王希军.Java程序设计案例教程[M].北京：北京邮电大学出版社,2012.

[4] 郑莉,等.Java语言程序设计[M].北京：清华大学出版社,2007.

[5] 贾振华.Java语言程序设计[M].北京：中国水利水电出版社,2006.

[6] 匡松,等.百问百例Java语言程序设计[M].北京：中国铁道出版社,2009.

[7] 陈艳平.SQL Serer数据库技术及应用[M].北京：北京理工大学出版社,2014.

[8] 陈昊鹏.Bruce Eckel.Java编程思想[M].3版.北京：机械工业出版社,2006.

[9] 王建红.Java程序设计[M].北京：高等教育出版社,2007.

[10] 赵国玲.Java语言程序设计[M].北京：机械工业出版社,2004.

[11] James Gosling,Bill Joy,等.Java语言规范英文版[M].3版.北京：机械工业出版社,2006.